彗星パンスペルミア

生命の源を宇宙に探す

The Search for Our Cosmic Ancestry

チャンドラ・ウィックラマシンゲ 著
松井孝典 監修　所 源亮 訳

恒星社厚生閣

THE SEARCH FOR OUR COSMIC ANCESTRY
by Chandra Wickramasinghe

Japanese translation arranged with World Scientific Publishing Co. Pte. Ltd., Singapore through Tuttle-Mori Agency, Inc., Tokyo
Published in Tokyo by Kouseisha Kouseikaku Co., Ltd. 2017

謝　辞

フレッド・ホイルの思い出に寄せて.

深宇宙とのつながりを誰よりも深く感じさせてくれた人へ.

著者まえがき

2001年にフレッド・ホイルは亡くなったが，その後，彗星由来のパンスペルミア説を支持する証拠が数多く輩出されている．最も直接的な証拠として，地球に到達する彗星の破片と隕石のなかの生物痕跡があげられる．また，生物に繋がる有機分子の存在が，110億光年以上離れた銀河にも確認された．かくして，観察可能な宇宙に広範囲にわたり生命が存在していることが推察される．DNA配列の研究によって，われわれのDNAには過去の感染によるウイルス由来のコードが含まれていることが明らかにされた．そして，それが後のわれわれの進化に影響したことも．ネオダーウィン主義という閉鎖系の進化のパラダイムは，1980年に出版された『*Evolution from Space*』に示されたホイル - ウィックラマシンゲモデルにとって代わられる趨勢にある．地球上の進化は，宇宙における超長期の期間と広大な宇宙空間における長い進化の歴史の結果である．

2014年3月　カーディフにて

チャンドラ・ウィックラマシンゲ

訳者まえがき

著者チャンドラ・ウィックラマシンゲは，1939年1月20日スリランカの首都コロンボに生まれた．1960年にセイロン大学（今のコロンボ大学）の数学科を卒業．第1回の英連邦奨学生の3人の中の1人に選ばれ，ケンブリッジ大学に入学した．そこで世界的に著名な理論天文学者，クラフォード賞の受賞者でありナイトの称号をもつ，フレッド･ホイルと出会った．著者は，フレッド･ホイルとともに，生命は宇宙に満ち溢れているという「パンスペルミア論」を徹底した実証主義に基づいて研究．スリランカの国家栄誉賞「ウッドヤ・ジョディ」，ケンブリッジ大学「パウエル英詩賞」，「ダグ・ハマーショルド科学賞」（フレッド・ホイルと共同）を受賞．ウェールズ大学応用数学・天文学学科長，スリランカ大統領科学顧問，スリランカ基礎科学研究所所長などを歴任し，現在バッキンガム大学宇宙生物学研究センター長として精力的に研究を続けている．

本書の冒頭で著者は，今人類が直面している最大の問題は，生存そのものであるとの警鐘を鳴らす．人類の生存の危機は，その本能に根ざした，闘争意識を抑えることが出来ないことにあるという．その闘争本能の抑制には，人類がもっている“無知”を，実証主義に基づいた科学をもって，克服する必要があるとしている．

それでは，人類の最大の“無知”とは何か．第一に，地球上で生命が自然発生したという仮説を頑なに信じる“無知”である．「自然発生説」では，ある日突然，無から生命が地球上で生まれた．「蛍は温かな土と朝露から生まれた」とアリストテレスが主張してから今日に至るまで，「自然発生説」は，未だに生命発生科学の教条として君臨している．19世紀にパストゥールによって「生命は生命からのみ生まれる（*Omne vivum ex vivo*）」ことが実証科学によって証明され「自然発生説」が否定されたにもかかわらず，である．著者は，科学的な根拠のない「自然発生説」を信じる“無知”に対し，「彗星パンスペルミア説」を提唱する．すなわち，地球上の全ての生命と遺伝情報（DNA）は，地球で生まれたのでなく，宇宙から彗星に乗ってやって来たという仮説である．地球という惑星は，宇宙から生命と遺伝情報（DNA）が流れ落ち，そして交わる一つの「停車場」に過ぎない．地球上の全ての生命は，そのようにして地球上に出現した．これは，アリストテレスによる「自然発生説」と真っ向から対抗するものである．

第二に，地球生命の進化についても著者は“無知”が存在するという．「ダーウィン進化論」である．「ダーウィン進化論」は，実証主義に反する単なる仮説に過ぎない．「ダーウィン進化論」では，生命は地球上で，自然淘汰と選択を経て進化してきたことになっている．しかし，「ダーウィン進化論」の根拠となる，古い種と新しい種を結ぶ中間型化石は何一つ見つかっていない．つまり，「ダーウィン進化論」を頑なに主張することは，実証主義科学に反する，もう一つの“無知”であると著者は結論する．さらに著者は，「ダーウィン進化論」は，地球上で観察される生命進化と一致していないことを指摘する．地球上の生命進化は，カンブリア大爆発に代表されるように，緩慢なものでなく突然の変化である．これは「断続平衡」と呼ばれている．そして，それを可能にしたのは，ウイルスである．ウイルスは，生命（細胞）に遺伝情報を挿入することができる．したがって，地球にやってきたウイルスが，先に地球に流れ落ちた生命に，遺伝情報を挿入した．そのような，ウイルスの遺伝情報の挿入によって，生命は突然変化する．そのウイルスは，彗星に乗って宇宙から地球上に流れ落ちる．このような「ウイルスによる水平的な進化論」を著者は支持する．宇宙からウイルスが，新たに色々な遺伝情報を運んでくるということは，地球が宇宙に対して開かれているということである．宇宙から地球に，このような物質が毎日約 100 t 以上流れ落ちて来ると推定されている．「ウイルス進化論」は，宇宙に生命が満ち溢れていて，その生命を彗星に乗ったウイルスが運んでいるという「彗星パンスペルミア論」の主張となる．

第三の“無知”は，人類が地球生命の頂点に立っているという人間中心主義という思い込みである．これが「ダーウィン進化論」の最大の弊害である．実証主義科学で検証する限り，ホモ・サピエンスが選択される，適者生存（survival of the fittest）など起きていない．特に地球を宇宙から切り離し，新たな遺伝情報が宇宙から入ってこない閉鎖系と仮定した場合，数万年などという短期間で，適者生存という自然淘汰など生じるはずがない．現にほとんどの地球上の生命は，誕生後の姿をとどめたまま今も生きている．シアノバクテリアなどは，約35億年前とほぼ同じである．それに対し，ウイルスによる遺伝情報の挿入は，短期·集団的に起こりうる．このように「ダーウィン進化論」が否定され，「ウイルス進化論」が肯定されることによって，人間中心主義の“無知”が浮き彫りにされる．人類は，自然淘汰によって地球上の生命の頂点に達したのではない．勝手にそう思っているだけである．つまり，われわれは，実証主義による科学を無視することによって，適者生存という仮説を立て，自然淘汰の結果選ばれて，生命の頂点に君臨したエリートであると夢想しているだけである．実際は，全ての地球生命と同様，ホモ・サピエンスも，単に，地球に流れ落ちた初期生命とそれに続いて飛来したウイルスによって遺伝情報が挿入され，その結果分化した一つの生命に過ぎない．無限に存在する宇宙生命の一つという超極微な存在である．

第四の“無知”は，地球は，この宇宙でのかけがえのない存在であるという認識である．最近の観測によると，地球のような惑星が，この宇宙に何千億個も存在する可能性が示唆されている．つまり，この宇宙では，地球はかけがえのない惑星ではない．宇宙の中に，どこでも転がっている，ごくありふれた惑星である．さらに，その上に存在するわれわれは，選ばれた稀有なエリートではない．となると，われわれは，宇宙にほぼ無限に存在するであろう一つのありふれた惑星に，たまたま流れ落ちた一つの生命に過ぎない．

第五の“無知”は，人間がウイルスである可能性を考えないことである．2003年にヒトゲノムが完全解読された．そしてそのゲノム配列に驚くほど多くのウイルス配列があることが判明した．われわれの46本の染色体上に書かれているゲノム配列の約半分がウイルス由来である．もっと多い可能性がある．となると，われわれは限りなくウイルスに近い存在である．ひょっとすると，われわれはウイルスであるのかもしれない．少なくともわれわれは，自己複製を唯一の目的に生きる，ウイルス的である．

第六の“無知”は，既存の「常識科学」に固執して，実験や観測データに基づく「実証主義科学」を無視することである．彗星パンスペルミア論に対する批判の多くは，実験や観測から離れ，それが反映されていない．もっとも，フレッド・ホイルにとっても，著者チャンドラ・ウィックラマシンゲにとっても，自分の理論が実験結果や観測結果と整合することのほうが重要であって，それが“常識科学”に合うかどうかなどどうでもいいことなのである．著者がサー・フレッド・ホイルから引き継いだ，実証主義科学の画期的な成果は，宇宙塵（うちゅうじん）が有機物であることを考えたことだろう．その前提にあったのは，サー・フレッド・ホイルのトリプルアルファ反応（1946 年）による宇宙空間における“炭素”の存在である．W. A. ファウラーは，この実証によって 1983 年にノーベル物理学賞を受賞している．“炭素”から“有機物”そして有機物であるというだけでなく，それは生物である，と想定した．そして，その生物が，70％中空となった胞子を形成するような細菌であることを，赤外線スペクトルの実験データと観測データを揃えて証明したのである．これによって，「彗星パンスペルミア論」の確固たる根拠を示した．

晴れた夜空を見上げると，われわれの太陽系がある天の川銀河が見える．その中には，暗い斑点がいくつも見える．これが宇宙塵である．宇宙塵は，星間ガスとともに主な星間物質の一つで，宇宙空間に分布する極めて小さな個体の微粒物質（0.01 μm ～ 10 μm）である．この宇宙塵が集まって十分な質量をもった天体となったものが，暗黒星雲とか散光星雲と呼ばれている．これらの星雲は，電磁波を吸収，散乱，反射するので，赤外線や電波の放射によって観察することができる．

1950 年代までは，この宇宙塵は，水と氷であると言われていた．それに対し著者は，黒鉛炭説（1962 年）を唱えた．その後，有機ポリマー説を『ネイチャー』誌（1975 年）に発表し，その後フレッド・ホイルとともに多糖類説等を同じく『ネイチャー』誌（1981 年，1982 年，1986 年）に発表した．その後，凍結乾燥した細菌と宇宙塵の赤外線スペクトルの一致が観察（1982 年）されると，宇宙塵は細菌やウイルスなどの生命であるとし，宇宙塵から生まれた，彗星に含まれる生命が地球に運ばれたとする「彗星パンスペルミア論」を提唱した．これが事実であるとなると，宇宙は，生命に溢れていることになり，それどころか，宇宙は生命が生きるためのものであることになる．本書で著者は，「彗星パンスペルミア論」を，実証主義に基づいて，丁寧に根気よくその根拠を紹介している．そして，われわれが，“無知”を捨て，実証主義に基づいて事実を直視することによって，はじめて，人類の最大の課題となった，生存そのものについての解決に向かうことができると説いている．

われわれは，自分の“無知”を認識し，それを克服することによって，はじめて，宇宙という時空における本当の自分を理解することができる．その結果，われわれが取るに足らないほど極微の存在であることを知る．それは，限りなく謙遜を心がけ謙虚に生きなくてはならないことを教えている．そして，“無知”は謙遜も謙虚も決して育てないことを知る．

人類は，その誕生以来，ずっと空を見上げ，創造主を探している．自らの起源と，究極的な運命を知りたい，という切実な願いである．その問いとは，「われわれはどこから来たのか？」，「われわれは何者か？」，「われわれはどこに行くのか？」である．本書は，この問いに対し，明快に，最新の実証主義科学に基づいて，「われわれは宇宙からやってきた」，「われわれはウイルスである」，「われわれ（DNA）は，宇宙に戻る」という回答を示している．

もし本書の主張が今後，実証主義科学によってさらに補足証明されることになれば，本書は，現代の最も重要な本の一つに数えられることになるであろう．本書によって，実証主義の科学が主流となり，人類が「無知」を認識し，謙遜と謙虚な生き方を志向することになれば，それは著者の最大の研究成果であろう．

最後に，本書を翻訳する機会を与えていただいた，チャンドラ・ウィックラマシンゲ博士と，ご多忙の中にもかかわらず翻訳の指導と監修をしていただいた松井孝典博士に心より感謝申し上げる．また，快く原稿のタイプと修正をしていただいた緒方哲明さん，中島寛文博士，杉田佳津江さん，および西澤幸子さんに感謝申し上げる．なにより根気よく編集を指導していただいた高田由紀子さんに感謝申し上げる．

2017 年 4 月

所　源亮

図表一覧

図リスト

表リスト

目　次

※本文中の脚注は訳者によるもの．なお，監修者による注釈には＊を付けた．

序章

Prologue

今人類が直面している問題は,生存そのものである.世界の人口の増加率は,われわれが必要とする食糧,エネルギー,その他の資源の維持能力を超える勢いである.気候変動と代替エネルギー源の追求は,極めて困難な状況になり,益々のチャレンジを要求している.このような基本的な問題と無関係ではないが,宗教的国家的な対立を克服する手段として,人類の原始的本能にある敵意に向かう傾向がある.相互に優越を争い,最も破壊的な兵器の使用を絶えずギリギリのところで抱えるといった状況がある.これは,生存をかけた争いが必然であった過去への進化の逆戻りであろうか.今日われわれが直面する,このような問題の核心を理解するためには,科学に目を向ける必要がある.

そのためにいくつかの科学的視点が想定される.第一は,学校で教える観察と実験による「厳密な科学」がある.この「厳密な科学」こそ,近代技術のほとんど全ての側面の発達を実現し,宇宙船を建造し何百万 km 先の惑星に正確に向け打ち上げることを可能にしたのである.これなしに,火星の生命探索に用いられている「キュリオシティ」(Curiosity Rover)の開発は実現しなかった.このようなプロジェクトは,実験と観察と精緻な数学的分析を総合した「厳密な科学」である,ニュートンの運動法則,量子力学,電磁気学などの知識が要求される.アインシュタインによって示された微調整は別にして,太陽系における運動法則に対するニュートンの物理学の有効性には疑問の余地がない.われわれが利用するコンピュータや携帯電話なども,固体物理学(solid state physics)や近代電子工学(modern electronics)の基礎の上に立っているということも,また然りである.このような「厳密な科学」間の橋渡しをしているのが,その命題は絶対であり論駁(ろんばく)できない,数学という学問である.

次に想定される科学的視点は,「パラダイム科学」とでも表現されるものである.これは,単なる空論を超え,完全な事実ではないが経験的事実の集合によって示唆されることを根拠とする科学である.「パラダイム科学」の憶測は,ミツバチのダンス,あるいは動物の群行動にみられるような過程を経て,多くの人々が信じるようになり,受け入れるようになる.「パラダイム科学」そのものに,それを支える圧倒的な証拠が存在するからではなく,単に多くの科学者が束になって信じているという理由による.社会学が科学的事実に先向するという現象といえる.

注意を喚起しなくてはならない最近の状況として,「インターネット上で展開される科学」というものがある.これは,ある意味,最も問題があり,信頼性がないといえる.知識不足のブロガーが,科学に貢献しているという確信のもと,ブログ上に科学議論を展開して事実の混乱や意見や偏見を形成する.これは,科学の進歩にとって無用のものである.

以上のような困難な状況のなかで,現在,生命の起源の追求を実施することが要請されている.僅か一世代前の科学者を驚愕させるような,例えばヒトゲノムの完全解読などの,科学技術による新発見が続くなか,「パラダイム科学」,あるいは「インターネット上で展開される科学」によって,生命の究極的な根源に対する解明が阻害されている.本書は,理論と実験と論証による「厳密な科学」によって,地球の原始スープのなかから地球上に生命が誕生したという現在の主流の考えが,基本的に間違っていることを示すものである.本書のなかで生命の誕生は,広大な宇宙規模でほとんど奇跡といえる,極めてユニークな事象により起こり,その後生命が芽生える環境を有した,あらゆる宇宙空間に拡大していったという議論を展開する.

第 1 章

パンスペルミアの起源

The Genesis of Panspermia

埋もれた生命発生の事実

厳格な決まりに従って生きることは, 洞穴で生活をしていた, 先史時代の人々の特徴であったに違いない. それは生き残りのために必要不可欠な条件であった. われわれの祖先がそうであったように, 小さな部族として生活していると, そのなかで儀式や信仰というものが生まれ, それがその部族の特徴となっていく. そうなると, それに対しどんなに外から圧力をかけても, 大した影響を及ぼすことはできなくなる. 21 世紀になっても, われわれがそのような膠着したパラダイムに縛りつけられているのは, このような原始的本能が残されているためかもしれない. 生命の起源は宇宙にあるという証拠は, 次々と発見されている. それにもかかわらず, 昔ながらの地球中心的な「小さな温かい水たまり[1]」というパラダイムは, なぜか現代の科学文化のなかで確固たる位置を占めている. 本書のなかで指摘するように, それには多くの疑問点がある. のみならず, 進歩に対する障害にさえなっている.

われわれの起源に関わるもっとも初期の発想 (ideas) は, 古代の闇のなかに埋もれてしまった. ヒト科という動物は何百万年もかけて進化してきたが, われわれのごく直近の祖先であるホモ・サピエンスが登場したのは, ほんの 20 万年前のことである. 脳の体積から判断されるわれわれの知的能力は, 大体こ

[1] [脚注は訳者による] 地球上で, メタン, 水素, アンモニアから成る原始スープから生命が生まれたとする「化学進化説」. 原始地球の大気組成が二酸化炭素, 水蒸気, 窒素であったことが, アポロ計画後の理論的研究によって明らかにされ, 「化学進化説」における還元的大気の根拠は否定された.

の時点で固定され，したがって，本書で取り上げる諸問題の処理能力も決定されてしまったものと思われる．古代の洞窟絵画を見ると，旧石器時代のわれわれの祖先は，星々を生命の力と神秘の源として，何万年も前から崇拝していたことが推測できる．古代のエジプトからギリシア，そしてローマ時代を通じて人々は，創造の役割を空にいる神々や仲介者に委ねていたように思われる．

生命の発生

人類の系譜のなかで，ホモ・ハビリスが石器を使用していたことを示す最初の化石証拠は，およそ230万年前にまで遡る．地質学のタイムスケールでみれば，ごく最近のことだが，人類の進化の歴史は，さらに昔の，類人猿の時代にまで広がっている．地球の古代の生物の化石は，動物でも植物でも，絶え間ない進化の連続のなかで，われわれにまでつながっている．その歴史は，5億年近く[2)]も前に起こった多細胞生物の爆発的な増加，いわゆる後生動物の爆発的進化にまで遡る．それ以前は単細胞生物の時代で，そのような生物の存在を示す証拠が約35億年前のものであることも明らかにされている．こうした証拠は，ストロマトライトの形状にみることができる．ストロマトライトとは，藍藻類が付着してできた生物膜の層に，堆積性粒子がとらえられることで形成される．それよりもさらに前に微生物が存在した証拠は，地球の最も古い堆積岩に含まれる炭素13（^{13}C）と炭素12（^{12}C）の相対比率にみられる，同位体比異常として現れている（Mojzsis *et al.*, 1996, 2001）．生物は，重い炭素同位体よりも軽い同位体を蓄積するが，そのような選択を示す結果は，太古の岩石において認められる．最近10年間の発見により，地球上に初めて生物が出現した時期は，地球の地質学的歴史の彗星や小惑星の衝突のピーク時期（重爆撃期）と一致していることが示されている．これはつまり，彗星の衝突そのものによって最初の生物の出現がもたらされた可能性を強く示唆している．

---

2) 現在の知識では，単細胞生物の化石は約34億年前，多細胞生物の増加は約9億年くらい前に起こったとされる．約5.4〜5.3億年前のカンブリア爆発（現在の生物の38目が突然，地球上に出現した）で生物は多様化した．

生命の宇宙起源

分子という観点からすると，われわれも含めこの地球上に存在するあらゆる生物は，最も小さな微生物から，巨大で複雑な植物や動物に至るまで，寸分も違わない共通性がある．あらゆる生物が，同じ基本的な化学物質に依存しているのである．生物には，それらがどんなにさまざまな形状や形態をしていても，核酸と酵素という二つのグループの，複雑な生化学物質の相互作用によって成立している．核酸は，一つの糖類と，グアニン，アデニン，チミン，シトシンという四つの塩基と，リン酸塩のみで構成されている．それに対し，タンパク質や酵素は，20もの別個のアミノ酸によってできている．これら26種類[3)]ほどの基本的な化学物質の配列や再構成は，無数に考えられる．地球上の生物は，驚くほどに多様な形態をとるようになったが，それを支えているのは，これらの化学物質である．本書で指摘するように，基本となる化学物質の形成については特に問題はないが，その正確な配列は，常に困難な課題を伴うことがわかってくるだろう．ここでの命題とは，究極の生命の起源は，宇宙と限りなく密接につながっているということである．それと比較すれば，生命誕生後の生命の広がりと多様な進化は，枝葉末節にすぎない．

古代の生命発生論

人類は何千年にもわたって，生命の起源という問題に思いを巡らしてきた．提唱された形而上学的な答えは，どんなものであっても，ある一つの点に集約される．創造とは，きまぐれな決定であり，何か説明不可能な奇跡の存在を示唆している．こうした奇跡には，旧約聖書の神や，『コーラン』のアッラーや，多神教の神々のような固有の超自然的存在が関与しているとか，あるいはしていないとか，そのようなことはあまり重要なことではない．創造という事象そのものは例外なく，知的探求を超えている．

古代ギリシア時代に至ると，少し様子が異なる．対話術と哲学は古代ギリシアに端を発し，ギリシアの伝統のなかで重要な部分を占めるものであった．ギリシア人にとって哲学とは，知識や知恵を愛することを意味する．ギリシア人は万物の起源に関心を向け，そのような探求を行うことで，「正しい生き方」

3) 核酸（糖＋４つの塩基＋リン酸）＋タンパク質（20アミノ酸）

を導き出せると信じていたのである．宇宙論的観念，つまり宇宙に関する理論は，BC 8 世紀から BC 7 世紀に説明されるようになった．そして万物の根源となる「宇宙起源の卵[4]」という考え方が広まっていた．このような発想は，BC 7 世紀末までには，ホメーロスの伝説にも包含されるようになり，ギリシア文化にとって不可欠な部分としての地位を確立したのである．

ミレトスのターレス（BC 624 頃 - BC 546 頃）は，万物の根源に関連する諸問題を一般化（帰納的に考える）し，神々と関係のない合理的な説明を試みた最初の人物だろう．ターレスによって神学と科学とを切り離そうとする長いプロセスが始まり，そのプロセスは現代に至るまで続いている．ターレスは，水は地球に最も豊富にある物質であり，どんな植物や動物も生きていくために水を必要とすることに気がついた．そこで，生命が水から発生したことを提唱しようと考えたのである．

ターレスが提唱した物質主義的世界観は，アブデラのデモクリトス（BC 470 - BC 380）によって頂点に達した．デモクリトスは，生命の本質的な特性は，霊魂すなわち精神をもっていることであると考えた．そして，世界を構成しているのは空間を運動する原子であり，物理的変化には，これらの原子の配列や再構成が必ず関わってくると確信したのである．生物の存在はこれらの原子に依存しており，生命の元になっている原子が肉体から離れて空中にとどまるときに死は訪れる．

自然発生説

自然発生説を最初に提唱したのは，おそらくソクラテス以前の哲学者アナクシマンドロス（BC 611 - BC 547）だろう．アナクシマンドロスは，あらゆる生物は，太陽の働きによって，「湿った」土（泥）から自然に発生すると主張した．そしてさらに，最初の生物は，現在みられるような生物とは異なるものであるとも述べている．この主張によってアナクシマンドロスは，議論の余地はあるものの，生物の進化理論を提唱した最初の哲学者の一人といえる．また

[4] cosmic egg（宇宙卵あるいは世界卵）．紀元前 6 ～ 7 世紀のオルペウス教（ギリシア時代）に概念としての宇宙卵が現れる．宇宙卵から神々（プルート：土，ゼウス：火，ヘラ：空気，ポセイドン：水）が生まれ世界が創造された．

アナクシマンドロスは，人類の幼年期が非常に長いことから，最初はより一層自立し成熟した何らかの形態，たぶん魚のような生物だったのに違いないとして，そうでなければ人類が生き残ることはできなかっただろうと主張している．そのほかにも，生物が自然に発生する過程は今でも続いていて，水中の生物は，生命のない物質から直接発生しているのだともいっている．アナクシマンドロスの弟子に当たる，ミレトスのアナクシメネス（BC 540 頃）は，このテーマに対して異なる方向から光を当てた．アナクシメネスは，生命誕生の主な仲立ちとなっているのは水ではなくて空気だと考えた．空気は地球を包み込んでおり，全ての生物の体内に浸透しているからである．

しかしアナクシマンドロスもアナクシメネスも，アリストテレス（BC 384 - BC 322）ほどの影響を歴史に残すことはなかった．アリストテレスは，二人より 2 世紀遅れて世の中心となり，西欧自然哲学全体の基礎を築いた．アリストテレスは，アナクシマンドロスの提唱した自然発生説を採り上げ，さらにその説を裏付ける確かな証拠があると主張した．アリストテレスの著作に示されたいくつかの証拠のうちの一つは，次のようなものである．

> これ（自然発生）は池で，特にクニドス近くの池で起こる．クニドスの池にはこんな話がある．あるシリウスのときに池が干上がり，泥が残らずなくなったことがあった．その後最初の雨が降って水が溜まり始めると，池には小さな魚が現れたという……これは，卵や交尾によって生まれるのではない，自然に発生する特定の魚が存在することを示す証拠である．

またこのような記述もみられる．

> 動物は，植物と共通するある特性をもっていることがわかった．植物には，植物の種から生長するものや，種と似た基本となる仕組みが形成されることによって自生するものがある．このうち自生する植物にも，地中から栄養を採り入れるものもあれば，ほかの植物の内部で成長するものもある．動物の場合も同様に，その種に従って親となる動物から産まれるものもあれば，類似する祖先とは無関係に自然発生するものもある．こうした

自然発生には，腐敗した土壌や植物質から生まれるものがある…….
（Peck, A. L., Aristotle: *Historia Animalium*,Books IV-VI. Harvard University Press, 1970：『動物誌』）

もちろん，長きにわたって広く引用されてきた自然発生の例は，アリストテレスの「蛍は，温かな土壌と朝露とが混ざり合って生まれる」というものである.

アリストテレスは，生命の自然発生に関する理論を経験的方法によって導き出した．しかし，当時のその観察が，あまりにも表面的だったことは無理もないことで，その結論は当然のように正しくなかった．どうしてアリストテレスは，ある動物の存在について，例えば，種子や卵や幼生などが過酷な環境を生き延びたとか，遠く離れた場所からはるばる運ばれてきたとか，もっとありえそうな説明を選ばなかったのか，という疑問が生ずる．哲学的な見地に立ってみると，このような立場は，当時の支配的な世界観である，地球を中心とするアリストテレス的宇宙観に，全般的にそぐわないと考えられたのかもしれない.

パンスペルミア説

アリストテレスから数十年後，ギリシアの天文学者で数学者のサモスのアリスタルコス[5]（BC 310 - BC 230）は，πανσπεμία（パンスペルミア）という考えを提唱した．パンスペルミアとは，あらゆるところに存在する種子という意味で，これによって自然発生説を否定したのである．アリスタルコスは，太陽までの距離と月までの距離とを正確に計算するために，観測と測定を行った．その結果，アリストテレスのいう地球中心的宇宙論を否定せざるを得ないと考えた．しかしながら当時は，太陽中心の宇宙論やアリスタルコスのパンスペルミア説を受け入れる準備ができていなかった．太陽中心の宇宙論が認められたのはさらに1,700年も後のことである．本書では，パンスペルミア説がれっきとした科学の分野として，ゆっくりではあるがようやく認められるようになったことを取り上げる.

[5] 太陽中心説を最初に唱えた.

生気論

自然発生説は，長い間，さまざまな形で提唱されている．まず生気論という原則が追加された．生気論では，生命力（精神または霊）は，生命を発生させると想定される，無生物とは異なるものであることを示唆している．古代ローマ時代の医師だったペルガモンのガレノス（クラウディウス・ガレノス．129 - 216）は,霊に関する考えを初めて発表した．ガレノスは,生命を与える物体を，人間が大気から吸いこんでいると考えていた．15 世紀から 16 世紀にかけても，霊の概念は医学の発展に影響を及ぼしていた．そして，エーテル理論の確立を助け，ニュートンの遠隔作用論を可能にしたのである．ルネ・デカルト（1596 - 1650）は，初期の生気論での精神と物体との区別をさらに洗練させ，いわゆるデカルトの二元論を確立している．生気論の支持者たちは，非生物界と生物界とは別物であると強調し，この流れに従い，生物の有機化学的特性は無機的プロセスによって合成されることはありえないと主張している．

しかし，1826 年にフリードリヒ・ヴェーラーが無機化学物質から尿素を合成するのに成功すると，生気論者は勢いを失う．生気論は注目されなくなったものの，その熱心な擁護者は 20 世紀に至るまで途絶えることがなかった．そのなかでもハンス・ドリーシュ（1867 - 1941）は注目に値する．著名な胎生学者だったドリーシュは，有機的プロセスを制御する物体であるエンテレヒーの存在によって，生物の生命に関する説明を行った．同じくフランスの哲学者アンリ・ベルグソン[6]（1859 - 1941）は，不活性な物質に固有の耐性を克服して生物が形成されるためには，エランというものが必要であるという仮説を立てた．

自然発生説の呪縛

アリストテレスの自然発生説を再確認したり，この説の誤りを立証したりする試みのせいで，科学の歴史は何千年にもわたって中断することになった．1668 年に，イタリアの医師フランチェスコ・レディは，自然発生，特に腐った肉からウジが湧くという意見に対する，反証となりうる説を考え出した．レディは，ウジを生み出したものが何であろうと，大気をただよいながら肉へと

[6]『創造的進化』（1907）において，生の躍動を「エラン・ビタール」と呼ぶ．

移動してきたはずであり，このような侵入を妨げてしまえば，ウジはわかないことを証明したのである．ジョン・ニーダムは，1745年から1748年にかけて，空気にさらされたさまざまなスープやブイヨンのなかで，微生物が成育していることを観察によって発見した．この証拠に基づき，ニーダムは空気を含めたどんな無機物の分子にも「生命力」が含まれていて，それが生命の創造へとつながる可能性があると主張した．

さらに20年が経ち，イタリアの生物学者で修道院長も務めるラザロ・スパランツァーニは，ニーダムのスープの実験を，煮沸した後で密閉した容器と，開いたままの容器とを使用した，より適切な対照実験によって行った．そしてその結果，腐ったスープの入ったフラスコのなかにいた微生物は，空気から入り込んだものに違いないと結論した．しかしニーダムとスパランツァーニとの間で，殺菌の手順について激しい議論が展開された．ニーダムは，スパランツァーニが煮沸をしすぎたから「生命力」が死んでしまった上に，密閉された容器では，空気中の新しい「生命力」が入ることができないから，細菌が自然発生しなかったのだと主張した．こうした議論はどれもいささか滑稽に聞こえるかもしれない．しかし当時としては，知的探求心と議論の最高レベルでのやりとりであったのだ．

ジャン＝バティスト・ラマルク（1744‐1829）は，遺伝に関する自分の説を提唱し，依然としてもてはやされていた自然発生説と一致させようとした．ラマルクは，生物はより良く適応しようとしながら，次第に複雑さを増していったので，新しく生まれる生物は，低い段階とのギャップを埋めるために生じたものであると論じた．

生命は生命からのみ生まれる

1860年までに，この論争は最高潮に達し，その結果フランスの科学アカデミーが，この長く続く議論に終止符を打ってくれそうな実験であれば，とにかく賞を授与しようと言い出す始末であった．ルイ・パストゥールは，ある実験を行うのに，特殊なフラスコを使用した．フラスコの首を曲げることで，養分の含まれたスープに，空気は入るが微生物は一切入らないようにしたのである．パストゥールは，このフラスコは，空気は出入りできても，なかのスープに微生物は入らなかったことを示した．この実験を通じてパストゥールは，微生物がいるとすれば，ほかの微生物から生じたものでなければならないと結論した．この発見によってパストゥールは，誰もが手にしたかった賞を授かったのである．その後パストゥールは，この結論を，さらにあらゆる生物に対して一般化させた．すなわち，「生命は生命からのみ生まれる（*Omne vivum ex vivo*）」である．この宣言は，生物学にとって，そしてまさにあらゆる科学にとって最も意義深いものとなった．

「生命は生命からのみ生まれる」というパストゥールの考えは，どんな世代の植物や動物も，同じ植物や動物のそれ以前の世代に引き続いて存在している，ということを示唆している．この見解は，ジョン・ティンダルが，1870年1月21日に英国王立研究所で開かれた，「金曜の夜の講演」などで紹介したり，ロンドンでの題目にしばしば取り上げるなど，熱狂的に支持された．このときの講演に対しては，新しく創刊された雑誌『ネイチャー』が，社説でやや熱心に反論を展開していた．その反論の陰には，万が一パストゥールの主張が正鵠を射ていたとすれば，生命の起源は地球の外から来たものでなければならなくなるという認識が潜んでいた．もし生命が自然発生するものでないとすれば，どんな動物でも，地球そのものが存在する以前の時代まで世代を遡っていくことができるわけで，したがって，地球以外の場所に生命の起源が存在しなければならない．

このことは，ドイツの物理学者ヘルマン・フォン・ヘルムホルツが1874年に非常に明解に述べている（H. von Helmholtz and G. Wertheim tr., *Handbuch der Theoretische Physik*, Vol. 1, Braunschweig, 1874）．

> 私には，完全に正確な科学的手法であると思える．すなわち，われわれが無生物から生物を生み出す試みにことごとく失敗した場合には，そもそも生命は発生するものなのか，生命は物質と同じように，古いものではないのではないか，種子がある惑星から別の惑星へと運ばれ，肥沃な土壌に落ちたものだけが生育したのではないか，という疑問が生じてくる……．

またウィリアム・トムソン卿（ケルヴィン卿）も，パストゥールのパラダイムに対してこう語っている.

> 無機物は，生命の存在する物体の影響を受けなければ，生命体になることはできない．私にはこのことが，ニュートンの重力の法則と同じくらい確かな科学の教えであると思われる…….

隕石パンスペルミア

ではもし，生命のほうが地球よりも早く誕生していたとすれば，その生命はどこから，どうやって地球にやってきたのだろうか？　18 世紀初頭，ドイツの医師 R・E・リヒターは，生きた細胞が隕石に含まれた状態で，惑星から惑星へと移動していたかもしれないと示唆している．しかしリヒターの提唱する運動力学には不十分な点があったため，1870 年に，J・ツェルナーが伝統的な見解をふりかざして勢い込んで反論にかかった．ところが，運動力学に関して卓越した知識をもつケルヴィン卿は，ツェルナーの反論には何の意味もないことに気がついた．巨大な隕石の外側では蒸発が起こり，また隕石の熱伝導率は低いので，その内部は低温に保たれる．だから，生物が隕石によって惑星から惑星へと運ばれた可能性がある，というのがケルヴィン卿の主張であった．1881 年に英国学術協会で行った議長演説のなかで，ケルヴィン卿は次のような注目すべきアイデアを述べている．

> 二つの巨大な物体が宇宙空間で衝突した場合，きっとどちらも大部分が溶解してしまうことでしょう．しかしほとんどの場合，その大量の残骸があらゆる方向に飛散するはずで，その多くは，土砂崩れや，火薬の爆発によって岩石が受けるよりも小さな衝撃しか受けていないというのも，極めて確かなことと思います．万が一，この地球が同じくらいの大きさをした別の天体と衝突し，そのときに地球上がまだ現在のような植物で覆われているとしたら，生きた植物の種子や動物の種が，それらを含んだ数多くの大小の破片によって宇宙空間にまき散らされるに違いありません．したがって，人類以外の多くの生物が，太古の昔から現在に至るまで存在してきたと，私たちの誰もが確信しているからこそ，私たちは，宇宙空間をた

だよう無数の隕石によって種子が運ばれている可能性は，極めて高いと考えなければならないのです．たとえ今この瞬間，地球上にいかなる生物も存在しなかったとしても，このような隕石が一つ地上に落ちてくることで，私たちがしばしば自然の成り行きと呼んでいる原因によって，地球は植物で覆われることになるかもしれないのです．

こうして133年以上も前に，われわれが本書で展開しようとしている考えは，すでに十分な発展を遂げていたのである．ある考えが，観察や実験を通じて進展する手法がない限り，その考えが本質的に優れたものであるかどうかに関係なく無価値になってしまうということは，科学的手法の特徴といえる．不幸なことに，1881年では時期尚早であった．ケルヴィン卿によるパンスペルミア説の説明に対して，重大な影響を及ぼすような観察や実験を行うための方法が，まだ確立していなかった．隕石には生存能力のある生命が含まれている，という可能性に関する実験ができるようになったのは，本書に書かれているとおり，比較的最近になってのことである．

光の放射圧パンスペルミア

歴史を追っていくと，この物語が迎えた次の局面とは，ノーベル化学賞受賞者であるスヴァンテ・アレニウスが，1908年にロンドンのハーパーズから『*Worlds in the Making*（宇宙発展論）』を英語で出版したことだろう（Arrhenius, 1903, 1908）．アレニウスはこの本の中で，微生物には，恒星の光の圧力を受けて，ある惑星系から別の惑星系へ移動するのに十分な大きさがある点を指摘している．また微生物には，地球環境による自然淘汰では説明することが不可能な，途方もない特性があるとも論じている．アレニウスが論拠とした事例とは，種子は絶対零度に近い温度まで冷却されても，その後十分に注意を払って再加熱することで，生存能力を回復するというものである．以来そのほかにも，この世のものとは思われない特性が発見されている．例えば，微生物は原子炉のなかでも生き延びることができるのである．過去20年間で，極限環境微生物に関する微生物学的研究が行われるようになり，アレニウスに始まった研究は，新しい局面を迎えている．それまでの予測がことごとく覆され，アレニウスも知らなかったのに違いない，生存能力に関する特性が解明されつつあるのだ．高温や低温，強酸性や強アルカリ性，地殻の奥深くの真っ暗な闇のなか，成層圏の高度などでの生存能力などだ．しかし，これでもごく少数の例にすぎない．このような，いくつもの驚くべき特性が，地球環境において発達したとは思われない．しかし，宇宙空間を生き延びるためなら，大いにありそうなことだ．そしてそれは，パンスペルミア説の妥当性を示すことでもある．

第 2 章

地球上の原始スープと進化

The Primordial Soup and Evolution

化学進化説，20 世紀の自然発生説

第 1 章で紹介したとおり，パストゥールの実験によって，自然発生説は否定された．20 世紀になって，再び無生物を起源とする生命に関する議論が起こってきた．この問題に対しては，実験的アプローチが必要となり，さまざまな理論が打ち立てられ，議論された．

ロシアの科学者 A・I・オパーリンとイギリスの生物学者 J・B・S・ホールデンは，生命の究極の祖先は，無機化学物質でなければならない，という前提に立って，それに基づいた明確なモデルを提唱した（Oparin, 1924, 1938; Haldane, 1928, 1954）．当時は，生命の誕生以前の原始地球には，有機分子は存在し得ないと一般的に信じられていた．この考えに従い，最初の化学系は，単純な無機ガスの混合（水素分子，メタン，アンモニア，水）であり，これが原始大気の雲に含まれていたはずだと考えられていた[1)]．このように安定した分子は，気体の状態で互いに衝突しあうだけでは，複雑な有機分子を形成することはできない．そこで太陽が放射する紫外線と，雷雨や放電のようなエネルギーが加わり，無機分子を壊して「エネルギーをもつ」フラグメント，すなわちラジカルに変化させる第一段階のプロセスが考えられた．その後「エネルギーをもつ」フラグメント（ラジカル）は化学反応によって反応と再結合とを繰り返し，この過程を通じて，少量の生物の前駆的な分子が生成される．これらの分子が原

---

1) その後，原始地球の形成モデルから，原始の地球大気は二酸化炭素と窒素と水蒸気であることが判明し，原始スープが前提とした原始地球大気モデルが間違っていたことが示された．

始の海に降りそそぎ，原始スープが作り出され，そのなかから生命が生じたと想定された．

有機分子の形成に関しては，もし最初の大気気体の混合が，提唱されたように化学的に非酸化的で，還元的な性質をもつものであれば，提唱されたプロセスも可能である．しかし後半の仮定は，後に正しくないということが示された．初期の地球大気について，最古の岩石*[1]にみられる酸化還元状態から推測したところ，還元的よりも酸化状態であることが明らかになった．この酸化状態は，複雑な有機分子が存続するのには不都合なもので，このような条件下では，生化学的な物質はまったく形成されない．したがって，オパーリンとホールデンが提唱した原始スープ形成の理論は，実際の地球の状況にはそぐわない，とわかったのである．

スタンリー・ミラーの実験

しかし，初期の大気に関する，このような事実が明らかになるよりもずっと以前に，オパーリン - ホールデンモデルの妥当性を検証するための室内実験がいくつか実施されていた．1953 年，アメリカの化学者スタンリー・ミラーは，水素分子（H_2），メタン（CH_4），水（H_2O），アンモニア（NH_3）の混合気体に，1 週間続けて放電を行うことで，アミノ酸が大量に（最大で 3%）形成される可能性があることを示した（Miller, 1953; Miller and Urey, 1959）．その後シリル・ポナムペルマたちは，同様の混合気体に，電子ビームを放射することで，微少の（約 0.1%）核酸成分の抽出に成功し（Ponnamperuma and Mack, 1965），ほかの実験でも少量の糖類を生成している．こうして，生命にとって重要な有機単量体を，それほど困難ではない方法によって，実験室内で，無機分子から生成できることが明らかにされた．これらの結果は，疑いもなく実験化学の大勝利である．しかし，だからといって，広く主張されている生命の起源となる原始スープ理論が，よくいわれているように，証明されたことにはならない．アミノ酸や，ヌクレオチドや，糖類など，生命の構造的基礎となる一部の分子がつくられたとしても，依然として，生命からははるかにかけ離れた状態にあるか

*[1]［＊は監修者による］最古の細胞化石については最近，約 34 億年前の嫌気性生物のものであることが明らかにされ，酸化的であるという従来の考え方は否定されている．

らである．

オパーリンとホールデンの原始スープモデルの現代版は，海や湖沼ではなくて，地熱の放出場所を，地球に生命が誕生するのに適した環境として検討している．生命に必要な有機分子は，さまざまな環境で，かなり容易に生成されうることは明らかになっている．それに対して，このような有機的な生命前駆物質が，非常に単純な自己複製を行う生物細胞へと移行するのは，極めて越え難い障害があり，ありえないことだと思われる（Hoyle and Wickramasinghe, 1980, 1982）．科学者は，このような生命の起源に関する化学進化モデルを無批判に受け入れることで，知らず知らずのうちに，かつてこの疑問を覆い隠していた謎を，それと同じくらい強情な，科学界に君臨するドグマ（教条）とすり替えていたのかもしれない．

仮説上の原始スープであろうと，どんな生命のゆりかごの場所であろうと，そこに含まれる化学物質が，自己複製を行う生きた細胞へと至るためには，次第に複雑さが増す，組織立った段階を踏んでいかなければならない．このことは誰もが認めている．分子レベルでの生命の源となるのは，ある単量体の非常に特殊な配列が，長鎖重合体へ，つまりアミノ酸がタンパク質へ，ヌクレオチドが核酸（DNA や RNA）へ変化することだというのは確かだ．言い換えれば，これらの長鎖重合体のもつ非常に特異的な情報内容が生命の本質である．

生命体の基本構成要素は，核酸（DNA）とタンパク質

タンパク質は，生きた細胞の構造に必要なだけではなく，その機能の根本となる高分子である．そして，生物の生化学をその内部に含む細胞壁の構造物にとって重要な成分である．また酵素は，生物にとって重要な，あらゆる化学プロセスを促進する働きをもつ，タンパク質サブセットである．DNA と RNA は，生物の情報内容を伝達して，遺伝の仲立ちをする役割を果たす分子である．そのため，DNA とタンパク質は，全ての生物系を補完する部分だといえる．アミノ酸やヌクレオチドなどの単量体から生じる，最も原始的な生命体の起源は，何らかの形でこれら二つの補完的な部分を，単一の細胞結合系のなかに含んでいなければならない．そしてそれは，消化，吸収を行い，周囲にあるエネルギーを活用し，複製，進化を引き起こし，そして最終的には，ありとあらゆる生物

を生み出す．

生命発生に関する諸説

この進化プロセスの第一段階を示す候補として最もよく知られているのは，いわゆるRNAワールド[2)]というものだ．単一のRNA（リボザイム[3)]）高分子のなかには，触媒作用と遺伝という二重の役割が含まれている．この場合，ヌクレオチドは重合して，媒介酵素系を必要とせずに，単独で高分子を複製し，触媒する役割を果たすRNA鎖になる（Orgel and Crick, 1968）．それと同様に，生物の前駆的発展の初期段階として提唱された候補には，「黄鉄鉱ワールド」（Wachtershauser, 1990），「PNA（ペプチド核酸）ワールド」（Bohler *et al.*, 1995），「粘土ワールド」（Cairns-Smith, 1966）などがある．

黄鉄鉱ワールドでは，水（水蒸気）の形態をした有機スープを必要とする．その水に，火山からの噴出物に含まれているような一酸化炭素（CO），アンモニア（NH_3），硫化水素（H_2S）などの溶存気体が含まれ，さらにそれが硫化鉄や硫化ニッケルなど鉱物質の触媒と接触する．PNAワールドの場合，ペプチド核酸（PNA）の非常に堅牢な鎖が，RNAワールドモデルでのRNAの役割を果たしている．そして粘土ワールドでは，複雑な有機分子が粘土の結晶格子の表層構造の上に整列することで，原始的な無機鋳型の役割を果たすように，そのパターンを維持している．ケイ素の宇宙存在度が比較的高いことから，宇宙という条件での生命の起源を考えた場合，後者の粘土ワールドモデルが，特別な役割を果たしている可能性は高いと思われる．

たった一回の生命の誕生には超長期の時が必要

これらの中間的な体系のいずれかから，進化に関しての規範となる情報を有する始原遺伝子系へ，そして最終的にはDNAとタンパク質を基とする細胞をもつ生物へと移行する，と考えられている．しかし，その過程については，依然として単なる憶測の域を出ていない（Abel and Trevors, 2006）．未解決問題の

2) 生命の起源に関して，タンパク質が先か，核酸が先かという問いがあるが，RNAにはその２つの物質のもつ機能があるため（酵素と遺伝），RNAが最初につくられたという考え方のこと．

3) 酵素活性をもつRNAの総称．

一つは，アミノ酸に対応するトリプレットに配列する四つの RNA 塩基が酵素に含まれる，遺伝コードの起源に関するものである．後の章（第 11 章）では，遺伝情報自体は任意的なものではないこと，そして，コード化された形で知的なメッセージを送信する（SETI）ために使用される可能性もある，ということについて論じる．

いかなる形にせよ，細胞生物が一旦生じれば，どんなに原始的な生物系の機能であっても，膜結合性細胞組織内で発生する，数千もの化学反応に左右されることになる．このような反応は，代謝経路に分類されるものだが，一連の非常に小さな段階を踏んで，周囲媒体から得られる化学的エネルギーを利用することができる．まず小さな分子を細胞の中に送り込み，さまざまな生体高分子を構築して，最終的には進化する能力をもつ自分自身を複製するのである．一連の酵素は，アミノ酸の鎖からなるもので，その触媒作用は，化学反応の割合を正確に制御する上で重要な役割を果たしている．このような酵素が存在しなければ，当然生命も誕生しない．

20 世紀を迎えた頃から，生物学にとって重要な代謝経路が体系的にいくつも解明された．例えば，植物の CO_2 サイクルや，クエン酸サイクル（クレブスのサイクル）などである．しかしながら，たとえ生物学における全ての代謝経路についての知識が完全に解明されたとしても，最初の生物系がいつ，どこで，どのようにして誕生したのかを理解することには，少しも近づかないだろうというのが，筆者の考えである．

前にも述べたとおり，現代生物学では，酵素には生命活動にとって非常に重要な情報が含まれていることが知られている．この情報は，DNA 内にあるヌクレオチドトリプレットの，コード化された秩序によって伝達される，と考えられている．DNA・タンパク質ワールドに先行したと思われる，仮説上の RNA ワールドでは，RNA は，酵素と遺伝情報伝達物質という，二重の役割を果たしていた可能性がある．もし，少数のリボザイムが，後に進化することになる全ての生命の前駆物質と考えられるならば，例えば 300 個の塩基からなる，単純なリボザイムの組み立てについての確率を試算してみよう．核酸の鎖には，コード化された四つの塩基があるので，この確率は 4^{300} 分の 1 になる．これは，10^{180} 分の 1 に相当する値であり，138 億年という宇宙の歴史において，たった

1 回起こるかどうかという，ほとんどありえない確率[4]である．

彗星パンスペルミア説

遺伝子進化レベルでの同様の議論からも，同じような結論が導かれている．最も小さい自立した細菌として知られるマイコプラズマ・ゲニタリウムは，約 500 個の遺伝子をもっている．仮に，この遺伝子セットが地球上の原始スープという状況から発生するとしてみよう．その見込みは超天文学的確率になる．このありえなさを強調するためにフレッド・ホイルが用いた比喩は，「廃品置き場を竜巻が通り抜けた後にボーイング 747 が出来上がっていた」というものだった．そこでホイルと筆者は，彗星のパンスペルミア理論を打ち立てた．この理論は，「パンゲノム」の形態をとる生命の起源には，地球という惑星系規模を桁違いに上回る物理系が必要となるというものだ．この構想のなかでのパンゲノムの起源は，唯一無二の「ビッグバンのように」，創造的な宇宙論的事象であり，それがその後分散して，数えきれないほどの場所で再び集まるのは，宇宙論的にいえば必然的なことである．クリックとオーゲルは，「意図的パンスペルミア」を提唱する際に，類似の議論を行っている（1973）．二人の説によると，人工的に設計された生命系が，意図的に地球上へ送り込まれたというのである．突然変異と自然淘汰によって，種の小規模な適応変化が，連続して引き起こされるというダーウィン的進化は，二人のモデルに即していうなら，微調整のプロセスに過ぎないということになる．このプロセスは，詳細な部分を作り出す場合には重要だが，進化の主要なプロセスにはならない．本書で詳しく取り上げる見解では，最初は不毛の地であった地球は，細菌やウイルスのなかに含まれる，あらかじめ進化した遺伝子が小包のように届けられたことで，感染したと考えている．これはパンゲノムの構成成分であり，宇宙論的規模での非常に長期間にわたって生成され，彗星の仲立ちによって運ばれたものである．

---

4) $4^{300}=10^x$，$\log 4^{300}=\log 10^x$，$\log(2^2)^{300}=\log 10^x$，$\log 2^{600}=\log 10^x$，$600\log^2=x\log 10$，$\log 2=0.301$，$600\times 0.301=x$ $\therefore$ $x\fallingdotseq 180$

生命誕生の実験は不可能

生命の起源に関し，実験室シミュレーションを試みる，数多くの野心的なアイデアがある．そのうちの一つ，デイヴィッド・ディーマーは，フラスコに入れた乾燥した脂質に水を加えていくことで，半ミクロン（μm）の細胞内コンパートメント（泡）を何兆個も生成した（Deamer, 2011）．これに少量のペプチドと核酸の溶液を加えることで，数兆個の細胞内コンパートメント内に，無数の組み合わせによる生物学的単量体の配列，つまり原始的な生命系が見出されることが期待された．しかしこの系では，生命系の誕生へと向かう様子が一切認められなかった．それは，生命が誕生すると思われる地球環境と比較して，実験室の体系が，ごく小規模なためである．しかしながら，実験用フラスコから地球上の全ての海へと規模を拡大しても，せいぜい 10^{20} 倍の量になるのにすぎず，実験室での 1 週間から，10 億年にまで期間を延長しても，10^{10} 倍ほどの増加にしかならない．このため，一つのリボザイムに関する確率計算を行っても，10^{30} 倍しか増加しない．したがって，非現実だというその要因は，10^{180} 分の 1 から 10^{150} 分の 1 に減るだけである．この数字に基づくと，最初の進化可能な細胞生物が誕生するのは，後の章でも取り上げるとおり，宇宙の中でも極めて珍しい事象である，という結論を出さざるを得なくなる．このユニークな事象が，地球で最初に起こったのが確かだとすれば，ほかの場所で再現できるとは思われないほど「奇跡的な」事象であるとしか考えられない．当然このプロセスを，それに関する実験室シミュレーションで再現できるはずもない．

彗星によって有機物が地球に飛来した

地質学の記録のなかから，前駆生物学的遺物に関する明白な証拠が発見できていないという事実は，生命の起源に関する地球ベースの理論についての，もう一つの障害となっている．星間雲に存在する，一連の有機物の存在は，生命の起源は，地球上ではなく，宇宙のはるか彼方のどこかにあるのではないかという考えを必然的なものにさせる．少なくとも，生命の誕生に必要とされる有機分子は，地球上で形成されたのではなく，宇宙という状況で生まれた可能性が，はるかに高いと思われる．これこそが，フレッド・ホイルと筆者が 1976 年に提唱した，パンスペルミアに関する，「萌芽期」最初の説である（Hoyle and Wickramasinghe, 1976, 1978). 天文学データに基づくと，星間雲や彗星には有機分子が存在している．われわれは，彗星が地球に衝突したときに，それを運んでいる可能性が高いと主張した．生物が地球上に誕生したのは，40億年くらい前[*2]に，地球に彗星が頻繁に衝突していた重爆期の最後から間もないときであることが明らかにされている．これに基づけば，彗星の衝突によって，外の宇宙から地球に生命が最初に運ばれてきた，という提言を除外することはできない．

もし，非生物から生物への移行に関する先験確率が，無視できるほど小さなものであるという上述の計算結果を認めるとすれば，次の二つの考えが成り立つように思われる．

(a) 地球上の生物の起源は，あらゆる予想を超えて起こるような，極めて尋常でない事象であり，ほかの場所で再現されることもありえない．そこで生命とは，地球に特有なものと考えられ，われわれの惑星は，またしても宇宙のなかで特権的立場に置かれることになる．

(b) 地球上よりもはるかに大きな物理系が存在し，最初の発生が起こるまでに超長期の期間を必要とした．地球に運ばれてきた生命とは，このように宇宙を起源とするものである．

生命の起源を宇宙に求めるパンスペルミア説

どれほど大きくて，古い宇宙系が必要になるかについては，依然として議論の的となっている．アベルとトレヴァーズ（2006）や，アベル（2009）の説では，ビッグバンのような宇宙論の枠組みのなかで，始原遺伝子が自然に形成される場合でも，ほとんど克服し難い難題に，やはり直面することがほのめかされている．はるかにタイムスケールが長く，はるかに広い宇宙を想定する準定常宇宙論であれば，この状況はより好ましいものとなる（Hoyle, Burbidge and Narlikar, 2001)．しかしながら，どんな過程を経て生命が誕生したとしても，宇宙での生物の発生は，ユニークな事象であることは認めなければならない．

*2 最近の報告によると，37億年くらい前の生物の痕跡が確かめられている．

その生物が宇宙空間に広がったことは，「パンスペルミア」のプロセスによって裏付けられる（Hoyle and Wickramasinghe, 2000）.

パンスペルミア説は，生命の起源を，地球から宇宙の別のところに変えただけのことだ．だから受け入れられないという議論は，まったく科学的ではない．生命が最初から地球で誕生したか，それとも広大な宇宙からもたらされたかという疑問は，研究に値するだけではなく，実証に値する完全に科学的な疑問である．また，このような問題に対する議論を除外するのに「オッカムのかみそり[5]」を持ち出すのも不適切である．それは，科学的議論を，現時点では「正統」と見なされている説に制限するための言い訳に過ぎない．これは中世を通じて科学を押さえ込んでいた風潮に非常によく似ている．

つまり，人類の知的探求の究極となる生命の起源が，憶測に基づく科学の領域にとどまっているのに対して，進化そのものは，疑う余地のない経験的事実である．まだ解決されていない問題は，進化が起こる，宇宙の規模に関連するものである．化石記録を見ると，地球上の生命体が，40億年前の単純な単細胞の微生物から，現在存在する，ありとあらゆる生物へと発達したことが，はっきりと示されている．生命体は地質年代を通じて進化し，多種多様な形での変化と枝分かれを遂げた結果，地球に生息する全ての生物が誕生した．何億もの化石と微小化石とが，相当の歳月を経て，連続する堆積岩に保存されている．これは，地球の表面と，大気の物理的および化学的条件のなかで起こった変化に従って，地球全体の種の分布が，長い時間をかけて変わってきていることを示す明らかな証拠である，といった議論である．

ダーウィンの進化論は，地球規模の限られた時間では生じない

種が単純な形態から複雑な形態へと進化する，正確なメカニズムについては，議論の余地が残されている．チャールズ・ダーウィンとアルフレッド・ラッセル・ウォレスは，適者生存という，自然淘汰に基づくメカニズムを提唱した（Darwin and Wallace, 1858）．このメカニズムを現代的に表現すると，ランダムな遺伝子の突然変異が生殖を通じて増大し，そのなかから，変化する環境に最

[5] 法則は，仮定が多くてはならない．「必要がないなら多くのものを定立してはならない」と14世紀の哲学者・神学者のオッカムが提唱した．

も適応した選択が行われたこととなる．そしてこの考えは，突然変異と，自然淘汰とによってもたらされた種の微細な変化が延々と続き，何世代にも及ぶ累積によって新種が出現することを示唆する．このプロセスに関して，もし地球でのことに限るのであれば，地球にある化石記録には，さまざまな種の継続が絶え間なく残されていることが予想される．そのような「中間形態」が容易に発見されなくてはならないのに，そのような発見はされていない．ダーウィン自身もその点を危惧していたため，『種の起源』では次のように書いている．

> 地質学では，このような詳細な有機的な世代の継続を示すような発見がない．このことはおそらく，われわれの理論に対して突きつけられる最も重要な反論となるだろう…….

ダーウィンにとって救いとなったのは，当時は，化石記録が不十分で不完全だったことだ．それ以来，後世の，化石や分子生物学上の発見によって改められてはいるものの，「中間形態」が支配した形跡を示すまでには至っていない．後の章でも述べるが，ダーウィンの進化論が地球上に限られたプロセスではないとすれば，この反論は消えてしまうことになる．もし地球に，宇宙から新たな遺伝情報が周期的にもたらされているとすれば，過渡的な形態はあまりにも短期であるがゆえ，地球上の化石記録には，検出不能なほどしか見出せないことになるだろう．ここで問題になるのは，化石記録に非常に大きなギャップがみられることではなく，不連続な突然の変化という進化が地球生物学の記録を特徴づけているからである．このような大きな進化と散発的な多様性の注入がなければ，地球上の進化は何億年経っても，退屈きわまりない極めてゆっくりとした進化の過程を示すだけである．

種の進化は突如として表われる「断続平衡」

スティーヴン・ジェイ・グールドとナイルズ・エルドリッジは，入手可能なデータについて現象論的方法で説明する,「断続平衡」の概念を提唱した（Gould and Eldridge, 1977）．データから得られる事実によれば，種の分布は長期間にわたって比較的一定で，安定した状態を続けているが，この安定性が大規模な種分化と絶滅とによって突然に中断される．まったく新しい分類の，綱や目が突如として出現する遺伝のメカニズムには，まだ不明瞭な点がある．進化に関する全てのプロセスを，地球という閉鎖系に限定する既存の理論では，克服不可能な問題に直面することになる．だが，もし進化が，銀河系全体あるいは宇宙全体での現象であると考えれば，こうした問題は解消される．そうすれば，地球上での生命の発達は，宇宙全体から示された，ほとんど無限にある遺伝的可能性から選択された結果だといえる．超長期の広大な宇宙の進化の歴史を反映した，新しい遺伝子が提供されているのだ．新たな綱や目ばかりか，分類上の門までもが現れることは，これまでにない革新的な遺伝子が導入された結果だとして説明できるだろう．このようなプロセスについては，後の章で詳しく取り上げる．

生命の樹

　正確なメカニズムがどのようなものであっても，地質年代にわたる漸進的進化は，「生命の樹」，すなわち，さまざまな種を互いに結びつける系統樹によって表すことができる．この発想はダーウィン以前から存在していたが，漸進的進化を明確に示すための考えとして，改めて提唱したのがダーウィンだった．

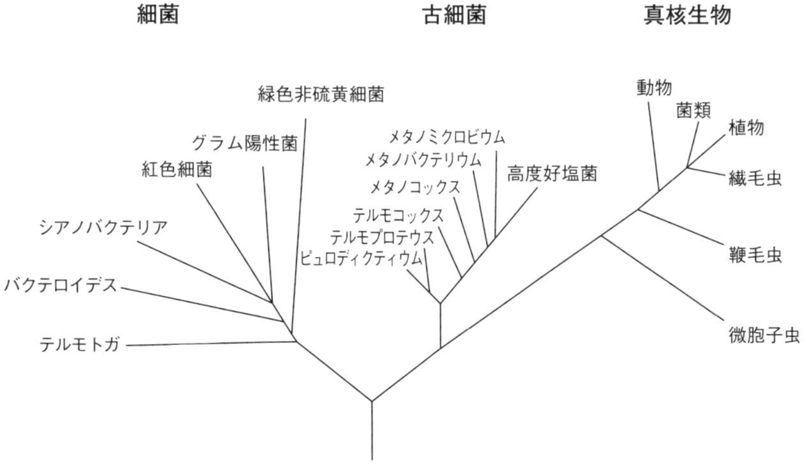

図 2.1　生命の三つのドメイン．

系統樹は，分子生物学の登場によって，より精巧で詳細なものとなった．分子生物学では，高度に保存された遺伝子に起こったランダムな突然変異を，分子時計として利用している．例えば，細菌から哺乳類へと至る中間生物の，シトクロムc[6]分子のなかのアミノ酸の数の違いによって，数十億年にわたる遺伝子の進化のタイムチャートが決定される．同様に，高等生物においては，ヘモグロビンなどの分子で起こる変化が，種の分岐を示す指標として，広く利用されている．

この系統樹は，カール・ウーズによって広く認められたもので，主に，rRNA遺伝子配列における変化に基づいている（Woese, 1967; Woese and Fox, 1977）．細菌，古細菌，真核生物という生命の三つのドメイン（図2.1参照）は，このような形で明確に分けられている．この系統樹の枝によって示された，漸進的な変化と関係から，生化学者たちは系統樹の「根」，すなわち全生物共通祖先（LUCA: Last Universal Common Ancestor）をつきとめようとしている．しかしながら，この研究は，三つ全てのドメイン（枝）での進化的前進を追跡するために使用された遺伝子が，枝全体を移動してしまうことが非常に多かったため，成功には至らなかった．

系統樹の根に近づくほど，重要な遺伝子の変化を根拠に，相関を決定することが困難になっていく．そして数多くの研究者は，たった一つの，全生物共通祖先は存在しないかもしれない，という結論を出すに至った．その結果，関心は「LUCA」から，遺伝子の根源的な集合体と考えられる「パンゲノム」の概念へと移っていった．本書では，この遺伝子の集合体全体が，宇宙にルーツをもっている可能性が非常に高いこと，そして，地球上での進化に必要な遺伝子が，宇宙から無償で与えられ続けていることを論じている．

多くの地球生命の微生物は進化していない

地球という閉鎖された場を前提とした進化論のモデルには，重大な欠陥がある．すなわち観測されている進化の記録が長期にわたって進まず，「停滞」しているということである．それについてはすでに述べた．すなわち古代の微生

[6] 細胞内のミトコンドリアの内膜に結合しているヘムタンパク質（2価の鉄原子とポリフィンをもつタンパク質の総称）の一種．生体内で酵素の運搬，酸化還元，電子伝達などの機能がある．

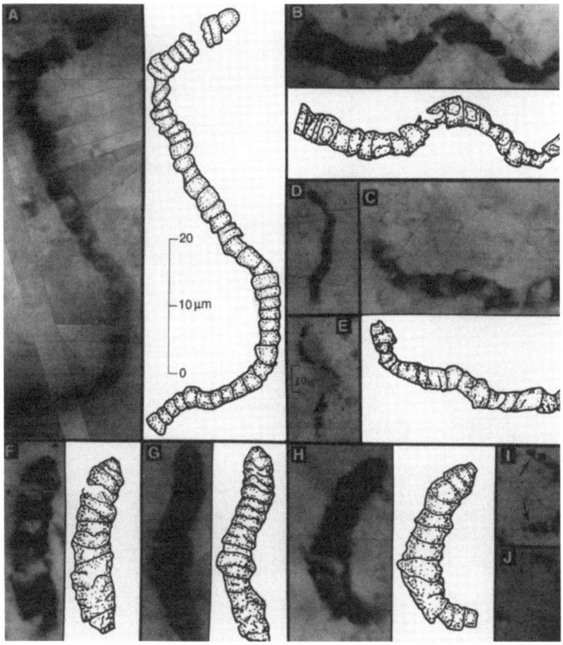

図 2.2　先カンブリア期の堆積層から発見された，シアノバクテリアの微小化石（Schopf, 1999）.

物は，形態学的に見ても，遺伝学的に見ても，現代のものとはかけ離れた存在ではないことである．ショップは共同研究者とともに，現代のシアノバクテリアと形態学的に非常によく似た，35 億年前の細菌型の化石（fossil bacteria forms）を発見した（Schopf, 1999, 2006）．また，琥珀に閉じ込められた，3,000 万年～ 2 億 2,000 万年前のミツバチや，古代昆虫の腹部から取り出した微生物も，現代の微生物と形態学的に同じであることがわかっている（Cano and Borucki, 1995）．ヴリーランドら（2000）は，ニューメキシコ州の岩塩坑から採取した塩の結晶から，2 億 5,000 万年前の古代の微生物を発見しただけではなく，古代の塩の結晶から回収したバシラス属が，現代のバシラス属と，遺伝学的に見分けのつかないほど似ていることも明らかにした．これらの発見は，初期の微生物と微生物の遺伝子が頻繁に補充されているため，突然変異による変化が起こった古い個体群を，数で上回って圧倒してきたことを示唆している．

従来のダーウィン論の根本的な誤りとは，進化を，まったく新しい遺伝子の移入も含めた遺伝子レベルで起こるのではなく，地球を中心として，個々のDNAコドンの分子レベルのみで起こるものだ，と制約したことにあるという点が強調されなくてはならない．過去数十年にわたって集められた証拠によって，密閉された箱のなかでの，閉鎖系における進化では，ダーウィン論を説明することができず，むしろ致命的な欠陥があることが明らかにされた．

第 3 章

生命の宇宙論

Cosmological Context

生命の基本は炭素

最も単純な，自己複製する生きた細胞の出現ですら，超天文学的な非可能性がある．そのような観点からすると，われわれの起源に関する問題を解決するためには，常識的には，最も大きな体系に目を向けることが賢明で，成果が大いに期待できると考えられる．その場合，利用可能な最大の体系とは，定義上，全宇宙ということになる．そのため，必然的に宇宙論へと通じることになる．宇宙論に関してどんな選択肢を利用することができるか議論する前に，生命にとって最も重要な化学元素は炭素であるということがまず指摘される．炭素がなければ，われわれが知っているような生命は存在することはできない．したがって炭素は，生命が誕生する以前から，宇宙全体に存在していなければならない．炭素のほかに，特に水素（H），窒素（N），酸素（O），リン（P），硫黄（S），マグネシウム（Mg）などの元素が，生命には必要である．

いわゆる「従来の」宇宙論モデルによれば，われわれが宇宙で観測した物質は，全てではないにしてもそのほとんどが，138 億年前に起こった「ビッグバン」と呼ばれる特異点[1]において生成されたことになっている．この事象が起こってから 3 分以内には，ビッグバン時の原子核[2]合成が終了し，水素やヘリウムのほか，少量ながらリチウム，ホウ素，ベリリウムなどの元素が生成された．宇宙に存在するその他の化学元素は，恒星の深部で生成される．

---

[1] 時空の出発点（ある基準の下，その基準ができない点をいう）.

[2] 原子の中心にある小さい塊で，陽子と中性子という核子からなり，正の電荷を帯びている．

1930年代半ばまでには，恒星は，その一生のほとんどを通じて，水素がヘリウムに融合する[3]ことでエネルギーを生成し，そのときには，100万kにも及ぶ熱が発生することが知られていた．この核反応によって，太陽やその他のほとんどの恒星は，その一生を通じて夜空で輝き続けることができる．そしてまた，地球や，その他の惑星にも住んでいると思われる生物に，エネルギーを送る源にもなっている．

炭素の生成と拡散に関するフレッド・ホイルの理論

現在までに太陽は，最初に蓄積していた水素の，ほぼ半分の量を消費している．そしてさらに50億年ほどで，全ての水素を消費してしまうだろう．こうして太陽内部で消費される水素が，全てヘリウムに変換された後が，われわれの物語にとっての重要な部分である．エネルギーを生成する核反応の連鎖において，理論上，次の段階ではヘリウム4の原子核が3個結合して，炭素12になるという反応が起こる．しかし1930年代には，原子物理学，特に炭素原子核の構造に関する当時の知識から，このようなことは決して起こり得ないと考えられていた．そこに，フレッド·ホイルが登場した（1946）．ホイルは，もし，われわれが生存していくのに必要なだけの炭素が，多少なりとも宇宙に生成されるためには，絶対不可能と考えられている核反応（トリプルアルファ反応と呼ばれていた）が起こらなければならないと主張した．ホイルはこの主張によって，無意識のうちに，人間原理として知られる説を創設することになったのである．宇宙にわれわれが存在すること，そしてそのためには，炭素が広範にわたって分布している必要があるが，その要件として，ある条件が成り立つ必要がある．このうちの一つは，7.75 MeVのエネルギーでは，炭素原子の原子核は必ず，短時間の励起状態（ホイル状態）になるはずであるというものだ．ホイルは，この状態が存在することを理論的に予言し，原子物理学者W·A·ファウラーに，カリフォルニア工科大学にあるファウラーの実験室で，その状態を探ってもらいたいと提案した．ファウラーはあまり乗り気ではなかったものの，ホイルから再三説得され，カリフォルニア工科大学のケロッグ放射線研究所で研究を始めたところ，確かにそのような状態があることを発見した．天文学を

---

[3] 核融合．

一変させたこの発見により，ファウラーは 1983 年にノーベル物理学賞を授賞した．

ホイルとファウラーの発見により，1950 年代には，恒星内部で，水素，ヘリウム，炭素の順に続き，そこから周期表にみられる全ての元素が揃う，一連の原子核変換の行程が完成した．現在では，生物が必要とする全ての化学元素は，恒星内部での原子核合成の結果，生成されたものと理解することができる．そしてこれらの元素は，超新星爆発や，恒星と恒星系から放出される塵によって，星間空間全体に拡散した．

生命の基本分子は，生物の分解生成物である

一般的には，生物誕生以前の化学のために必要と推定される，H_2O や，多環芳香族炭化水素（PAH）のような基本的分子は，われわれの銀河系に莫大な量が存在することが知られている（Wickramasinghe *et al.*, 2010 を参照）．これらの分子の大部分は宇宙で生成されたか，あるいは彗星の内部に蓄えられた細菌やウイルスなどの生物学的構造の，分解生成物である可能性が非常に高い．この説は後に取り上げることにする．彗星のような物体は，宇宙の生命の遺産を豊富に受け継いでおり，われわれの銀河系だけではなく，一般的な銀河の円盤において，あらゆる恒星や惑星が形成されるときには必ず関係してくる．もしこのようなモデルを採用するのであれば，星間空間における単純な有機物から複雑な有機物への形成や，生物誕生以前の物質進化はおよそ的外れなものとなる．

複雑な有機分子の生成

生化学では，生命の前駆物質についての標準的な考え方として，宇宙において形成される，単純な有機物をまず取り上げる．このような体系を考えるとすれば，星間雲内の生化学において可能性があるのは，気相化学または塵微粒子の界面化学を使った，ある程度複雑な有機分子の生成しかない．そのようにして形成される，より複雑な有機分子は，それが最終的には生命の誕生へとつながるためには，生物の化学進化が始まるのに適した，高濃度の水媒質へと溶け込まなければならない．このような状況は本質的に，文脈は異なるが，原始スープ理論を復活させるものである．つまり，前にも述べたとおり，確率に関する

あらゆる障害が引き継がれることになる.

太陽系の誕生はまず彗星が凝集し，そのとき微生物は彗星に閉じ込められた

われわれの天の川銀河（銀河系）では，恒星や惑星は，ガスと塵の雲から形成される．そして太陽系の場合には，最初に凝集した固体は彗星である．これらの氷でできた天体は，生みの親である星間雲から有機分子や塵をはき集めた．そして凝集してから数百万年間にわたって，アルミニウム 26（^{26}Al）という短寿命核種の放射線崩壊熱によって暖められ，生物の生息に適した液体の水を内部に含んだ状態を保っている．もしごく僅かな量の微生物が，親である星間雲のなかに休眠状態で存在しているとすれば，このような生きている細胞を含む形で，新たに形成された彗星において，極めて短期間のうちに細胞が増殖することだろう．すでに述べているとおり，地球上に生命が誕生したのは，彗星の衝突と時期と一致している．これは，彗星が地球上の生物の源をもたらしたことをはっきりと示すものだ.

彗星に閉じ込められた水たまり

まず，純粋に銀河という視点から，生命の起源はどこに求められるのか考えてみよう．銀河のどこかで生命が誕生する前に，放射線崩壊のエネルギーによって熱せられた彗星によって，たっぷり水と有機栄養分をたたえた「小さな温かい水たまり」が，何兆個も存在したと思われる．そして，この莫大な数の水たまりのおかげで，その一つから生命が誕生することの非現実的な障害は，著しく減少したことだろう．テンペル第 1 彗星に関する最近の研究により，その内部には，PAH などの有機分子や粘土粒子のほか，液体の水が含まれている証拠が発見された．これは，生命の起源に関する「粘土ワールド」が作用するのに，理想的な環境である（Wickramasinghe *et al.*, 2010）.

この種の彗星は，たった一つでも，触媒反応に必要となる粘土表面や候補場所としての持続期間を考慮すると，地球上にある全ての浅い水たまりや海洋の周縁部を全部合わせたのより，10^4 倍も適した環境をもたらすだろう．オールトの雲 [4)] の内側には，10^{11} 個（1,000 億個）もの彗星がある．したがって，太陽系内の彗星は，地球上の「小さな温かい水たまり」を全て合わせたよりも

10^{15} 倍も適した環境を提供する．そして，彗星を伴う，太陽と似た恒星は，銀河系全体で 10^{10} 個もある．その結果，彗星が生命の起源である可能性は，10^{25} も高くなる[5)]と見積ることができる．

彗星による宇宙空間における生命の拡散

議論の次の段階は，どこかのある彗星で生命が誕生したとすると，その拡散は，もはや止まることなく銀河系にまき散らされる，ということである．そして彗星そのものが，生命の増殖と分配の役割を銀河系で果たすことになる．休眠中の微生物は，彗星の塵の尾のなかに放出され，恒星光の圧力に押されて，星間雲に到達する．惑星系が形成されるとき，そのなかで新たに凝集した彗星のなかでは，生き延びた微生物が増殖し，新しい体系に取り込まれるための仮の場所が与えられる．微生物や胞子は,彗星表面の氷に入って運ばれることで,死滅する危険は無視できるほど小さくなる．したがって，これらの微生物や胞子は本質的には不死だといえる．しかし微生物は，塵の塊か隕石のなかでむき出しの状態になっているため，宇宙線や紫外線光線によって不活性化させられるなど，さまざまな危険性にさらされる．とはいうものの，生命がうまくまき散らされるためには，ごく僅かな生き残りが，連続して増殖できる場所に移動できれば事は足りる．たとえ細菌やウイルスの遺伝情報が一部破損したり死滅したりしても，ごく一部さえ残れば，生命にとって特に重要な情報を運ぶという意味では，十分だと考えられる（Wickramasinghe, 2011; Wesson, 2010）．パンスペルミアに対する，正のフィードバックが保証されるためには，新たに形成された，あらゆる惑星系に含まれる微細な細菌のうち，僅か 10^{24} 分の 1 が生き残るだけで十分だと推定できる．

ここではっきりしているのは，これは（宇宙空間における生存条件），極めて控えめな要件であって，解決が容易であるということである．この状況は，風の吹く日に種蒔きをしようとするのに似ている．生き残るよう運命づけられているものは非常に少ないが，種は数多くあるし，そのなかには必ず根付くものがある．

---

4) 長周期彗星（周期 200 年以上）の源と考えられている．
5) $10^4 \times 10^{11} = 10^{15}$，$10^{10} \times 10^{15} = 10^{25}$.

地球で進化した生物の遺伝子は，彗星によってすでに宇宙に拡散している

彗星は，星間雲，そしてそれに続く新たに誕生する惑星系へと，いささかなりとも原始的な生物（古細菌や細菌）を継続的に供給している可能性がある．その一方で，地球などの惑星上で進化した生物の遺伝子生成物は，銀河系全体に広がっていると考えられる．このプロセスのなかでの彗星は，衝突を通じて，生命を大量に含んだ塵を，宇宙空間に再びまき散らす役割を担っている．現在の太陽系は，約 10^{11} 個の彗星を含む，広範囲にわたるオールトの雲に取り巻かれた状態にあり，銀河系の中心の周りを約 2 億 4,000 万年の周期で回転している．そしてこの太陽系のオールトの雲は，平均 4,000 万年ごとに，分子雲が近くを通過することで攪乱される．重力による相互作用は，何百もの彗星をオールトの雲から惑星系内部に周期的に送り込み，そのうちのいくつかは地球に衝突する．こうした衝突は，生物種の絶滅を招く（6,500 万年前に確実に起こったとされる衝突では恐竜が死滅した）だけではなく，地球上で進化したゲノム（細菌やウイルス）の断片を含む地表物質をはぎとって，再び宇宙空間にまき散らした可能性がある．

生物の遺伝子の宇宙空間の循環

このように，地球で進化した生物の遺伝子が，太陽系外の惑星に運ばれるというメカニズムが存在する．そのようにして，地球から飛び出した僅かな残骸は衝撃加熱に耐え，他の惑星上に適応した微生物あるいは高等生物の遺伝子に追加される形で地球遺伝子が積み上げられていったかもしれない．このような生物を含んだ地球の物質は，通過する分子雲のなかで新たに形成された惑星系に，比較的速やかに（典型的な放出事象としては 100 万年以内で）到達できたと思われる．このため，新たに誕生する惑星系に地球の微生物や遺伝子が移動し，遺伝子の水平伝播によって，生物進化のプロセスを進める原因となったであろう．この考え方だと，ダーウィン的進化は地球上の事象ではない[6]．

太陽系外の惑星や，新たに生まれる惑星系に生命が誕生し，そこでの進化が始まれば，同じ影響をもたらす同じプロセスが繰り返される（彗星の衝突によっ

---

[6] 宇宙から生物の遺伝子が飛来し，地球でその挿入と混合がおき，再び遺伝子は宇宙に戻っていくといった解放系であればダーウィン的進化は成立する．

て）．それぞれの地域特有な進化の「経験」をもつ遺伝物質は，分子雲の相互作用によって誕生過程にあるその他の惑星系へと運ばれる．このイメージでは，銀河系全体の生命は，つながりのある一つの生物圏によって構成されていると考えられる．そこでパンゲノムが確立し，生存可能な惑星で再編成を行うための準備が整う．このプロセスについては最後の章で取り上げることにする．

生命の宇宙拡散の制限を超えて

宇宙の誕生から 138 億年の間に，どれだけの数の，生命の誕生にかかわる独立した事象が起こっただろうか？　一つの銀河の一つの生命の誕生から生命が広がり，宇宙全体へと拡大することはありえるのだろうか？　原理的には，隕石あるいは彗星が，生命を付着した粒子として銀河から飛び出すことは考えられる．われわれの銀河系のような銀河からの脱出速度の数値を，正確に算出することは難しい．しかし，渦巻銀河の腕にある恒星の軌道速度，秒速 250 km を上回ることは間違いない．粒子が，例えば秒速 1,000 km の脱出速度に到達可能であるとして（塵は放射圧，彗星や隕石は重力的遭遇によって加速されることがある），最長 10^{10} 年という銀河系の寿命の間に横断する距離は，最大で 10 Mpc[7]にもなる．しかし，それよりはるかに広範にわたる生命の拡散は，膨張宇宙内での「宇宙の地平線制約」によって厳しく制限されることになる．これはつまり，宇宙の「はし」は，生命を含む塵の局所速度よりもはるかに速く広がっているということである．このため，一つの銀河に起源をもつ一つの生命は，数 Mpc にわたる一つの銀河団内だけに限られる．この範囲内で一つのパンゲノムを構成するが，それ以上には拡散しないと考えられる．

標準的なビッグバン宇宙論では，宇宙の早い段階に遡ったとしても，この問題が解決しやすくなる，ということはないだろう．このような宇宙論モデルでは必ず，最初の生命と，そのパンスペルミアの拡散は，恒星の形成が始まってからでないと開始しないからだ．そもそも，超新星爆発によって生命に必要な重元素が生成され，周囲にまき散らされてからでないと，生命は始まらない．最新の研究によれば，これはビッグバンから約 5 億年後に起こった，と考えられている．その当時の宇宙は今の 5 % くらいの大きさしかなく，銀河間の距離

---

[7] 1 pc（パーセク）は，約 3.086×10^{16}m．10 Mpc は約 3.086×10^{23}m となる．

も，同じ割合で接近していた．移動時間や，生き延びるための条件や，地平線の制約などは，たとえ小さかったとしても，生命の単一起源から，宇宙全体にパンスペルミアとして拡散する妨げとなるものだ．

宇宙生命の誕生と拡散の確率

（ビッグバン宇宙論における）宇宙地平線の制約に限定される生命の拡散を回避し，宇宙全体に生命を拡散する方法の一つは，例えば，ギブソンとシルドゥ（2009）のような，常識的ではない宇宙論モデルを採用することであろう．2人のモデルでは，ビッグバンから30万年後に，地球質量規模の雲が形成されたとしている[8)]．このとき，宇宙に存在する全ての物質が，イオン化した状態から中性状態の気体に変化したというのである．この転移の時点で，この「宇宙論的液体」は不安定な状態になり，ギブソンの計算によると，地球の質量に相当する量のフラグメントに砕ける．これらの，地球の質量に相当する雲のフラグメントが凝集して，凍った惑星が形成される．これらの惑星の一部が集まって恒星を形成し，そのなかには，非常に短期間で進化し，超新星爆発を起こす大質量星も含まれる．その後，大部分の惑星は，第1世代の超新星爆発でできた重元素によって汚染されることになる（Gibson *et al.*, 2011）．

このような地球質量の惑星では，最終的に鉄の核が形成されて，有機物を豊富に含む海洋で覆われ，水素とヘリウムの大気が広がった．こうして，最初の生命の起源にとって最適な環境が作られる．海洋温度は水の臨界温度である647 K近くで，このような非常な高圧と高温の環境下で，有機合成は大いに加速されることになる．原始惑星のこのような海洋の体積は普通，最大で10^{25} cm^3である．そしてこのような惑星が10^{80}個も存在するので，総量10^{105} cm^3にもなる巨大な宇宙の「スープ」が，生命の起源のために用意される．この段階の惑星体は，それぞれ数十au（天文単位）しか離れていない．そして，衝突によるパンスペルミアで互いにつながっている．したがって，相互に結びついた巨大な原始スープといっていいだろう．こうした最適条件は1,000万年にわたって続くものの，その後，どのような宇宙論的時代においても，別の離れ

8) 宇宙背景放射が観測されるのは，ビッグバンの瞬間から38万年後．まだ重い元素は形成されていない．

た場所で，このようなことが再現されることはない．

こうしたモデルに関して，生命の誕生が起こる際の効率を判断するには，宇宙の「スープ」に相当する 10^{105} cm^3 と，地球の海洋にある，全ての熱水噴出口のスープに相当する 10^{15} cm^3 〜 10^{25} cm^3 の，数値の比較を行ってみればよい．これにより，確率はほぼ 10^{90} 倍になることがわかる．これに対して，以前に述べたとおり，地球から始まって，銀河に存在する全ての彗星へと至る確率は，10^{25} 倍に過ぎない．初期の宇宙における，この極端に密度が高く，衝突の多い体系のある場所で生命の発生が起こった場合，その他の生息地へも影響が及ぶだけでなく，数百万年で原始宇宙全体に生命が広がることになるだろう．しかしながら，1,000 万年後には，宇宙全体が冷却されるのに伴って海洋の温度も低下し，多くの微生物が存在する原始惑星は凍結することになる．その後は，生命の宇宙論的遺産が，このように凍結した原始惑星（以後「巨大彗星」と呼ぶ）に留まる．ギブソンとシルドゥはこれを，宇宙に存在する重粒子のダークマターであると考えている．現在の宇宙論的時代において，生物を育む，凍結したこのような惑星は，主に銀河のハローに存在している．このように生物に満ちた「巨大彗星」の合体と破壊は，銀河円盤上での恒星や惑星の形成に関する，あらゆる事象と結びついている．

この宇宙の時空だけでは生命の誕生の確率は低い

この章の結びとして，次のことも述べておこう．地球上の原始スープでなく，HGD（流体重力力学）宇宙論*1 における原始惑星へと器を拡大して，その確率を 10^{90} 倍も上げたとしても，先に述べた確率に関する障害を，完全に克服することはできない．第 2 章で，最大で 300 個に達する塩基から形成される，一つの祖先となるリボザイムを生成する際の確率は 10^{180} 分の 1 であるとしたが，この値は生命に必要な情報を網羅した前駆としては，過小に見積もられている．この分析に従うならば，このような，一つの宇宙で生命の起源を確実に誕生させるためには，HGD 型のビッグバン宇宙が 10^{100} 以上必要となる．したがって，一般的な多元的宇宙モデル*2 を選択することによって，われわれはまっ

---

*1　一般的には全く知られていない．著者ウィックラマシンゲの周辺でのみ語られている宇宙論．
*2　永久インフレーション理論から予想されているが，ここでの文脈としては矛盾する．

たくの偶然によって，たまたま宇宙論的な生命の誕生という事象が起こった，一つの宇宙に存在していると考える必要があると思われる．

もう一つの考えは，哲学的にもっと納得しやすいものであり，開いた宇宙論的モデル[*3]に立脚していて，なおかつ入手可能な観測値と調和的な「準定常宇宙論[*4]」である（Hoyle *et al.*, 2000）．開いた宇宙論では，物質が無限に存在することによって，超天文学的で不可能ともいえる，ありえないようなこと（生命の誕生）が起こる．その結果，宇宙の至るところに生命が拡散し，生命は宇宙にとって不可欠な存在となる．そうすると事実上，宇宙には，生命が存在しなかったときはなかったということになる．直感的に，そうであろうと納得することがある．それは，本能的に自分の文化に基づく判断をする場合である．例えば仏教徒ならば，生命は未来永劫存在する，輪廻するものだ，と本能的に考える．

---

*3 一般には定常宇宙論と呼ばれているものと推測される．

*4 一般的には全く知られていない．著者の周辺でのみ語られている宇宙論．P205 以降に著者による説明がある．

第 4 章

星間塵と生物モデルの一致

From Dust to Life

星間塵の微粒子は生物であるという仮説

30 年以上も前，フレッド・ホイルと筆者は，純粋に天文学的な見地から，宇宙空間のいたるところで微生物が誕生していたことについて，議論を始めた．街の明かりから遠く離れた真っ暗闇の夜には，天の川のすばらしい光景を目にすることができるだろう．それは，数千億の太陽のような恒星が集まった天の川銀河（銀河系）を真横から見た姿だ．そして，恒星ばかりではなく，天の川には暗い部分やすじが入っているのが見える．それは，星間塵粒子の雲が密集していて，遠く離れた恒星からの光を遮っている場所である．このような星間塵の微粒子は，われわれの銀河系や系外銀河の至るところに大量に存在している．実に思いがけない発見なのだが，地球上で生息する細菌は，これらの星間塵の微粒子とまったく同じ大きさをしているということが，偶然にも明らかになった．

この章では，多くの星間塵の微粒子は，確かに生物に由来するものであったのに違いない，ということについて考察する．もし，生命が地球だけのものではないとすれば，そして，微生物が生息に適した場所を見つけ出して，銀河全体へと広がっていく能力をもっているとすれば，筆者の主張が妥当であるのは明らかだ．宇宙の生命という概念は，少なくとも，調査や実験によって検証する価値のある，科学的仮説であることは間違いない．このような検証を行うためには，まず，星間雲に存在する物質の化学的性質を決めなければならない．図 4.1 は，馬頭星雲の写真である．この星雲は，星間ガスや塵が密集してでき

図 4.1　オリオン座の馬頭星雲.

た雲である．塵でできたこのような雲は，水や，ホルムアルデヒドや，さまざまな炭化水素などの有機分子や無機分子を豊富に含んでいることが，今では明らかになっている．そして，新しい恒星や誕生期の惑星系が見出されるのは，このような雲のなかである．

星間塵と有機物（凍結乾燥した細菌）モデルとの一致

恒星からの光が，われわれとの間にある塵の雲によって遮られ，暗く見えるという現象は，天体分光学が最初に採り入れられた 1930 年代頃には，天文学者たちの研究対象となっている．

1960 年代になると，天文学最大の難問の一つは，近赤外線から近紫外線までの波長をもつ恒星光が暗くなる，つまり減光が，同じメカニズムで起こる，その原因をつきとめることだった．当時は，塵微粒子は氷でできていると考えられていた．塵微粒子は，大きさと，どの方向を見ても銀河の至るところで散乱特性が不変でなければならない，という特性をもっている必要があった．この特性を，考えうる全ての星間塵の無機物モデルと一致させるのは，極めて困難なことである．氷でできた星間微粒子が，もし星間ガスの雲が凝集したものであったとすれば，その平均的な大きさは，微粒子が形成された雲の密度に左右されて，さまざまになるだろうと考えられる．筆者は，何年にもわたって微粒子の一様な特性について説明しようと試みた．しかし，さまざまな無機塵モデルを考慮しても，その説明は困難であることがわかった．

図 4.2 に示される点は，1960 年代に，考えうる塵モデルと一致することが要請されるデータセットを示している．氷微粒子は，当時まだ主流となる仮説であったものの，赤外線波長での天体観測により，氷の吸収が見出せないことがわかり，1960 年代終わり頃までには，このモデルは否定され始めていた（Wickramasinghe, 1967）．1970 年代の終わりには，有機塵成分に都合のよい証拠が，相次いで発見された．このため，フレッド・ホイルと筆者は，この問題を解決するために，微粒子（宇宙空間に存在する状態）を，凍結乾燥し中空となった細菌に見立て，それが芽胞菌と同じ大きさ分布や光学的特性をもっていることを主張した（Hoyle and Wickramasinghe, 1982, 1991）．

天文学の観測データ点と，われわれの細菌モデル（図 4.2 参照）とは，かなり近い値を示している．われわれは，この一致は，ほとんど決定的な証拠であ

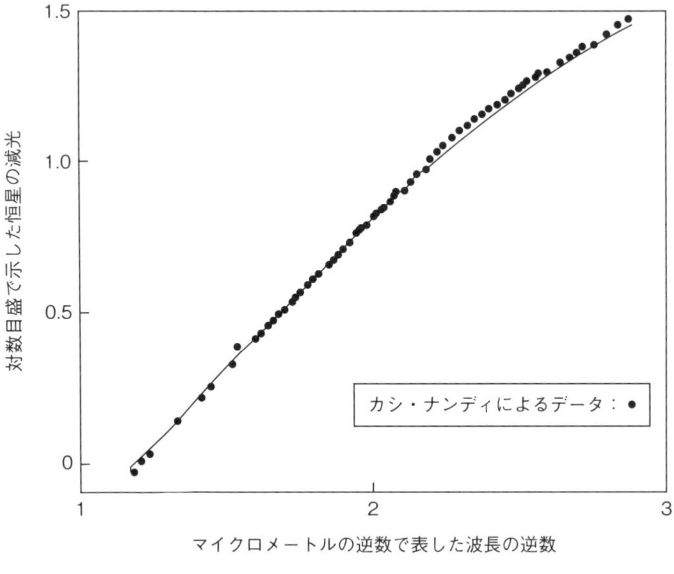

図 4.2　中空芽胞菌分布に関する予想曲線．図の点は，可視光減光量を示す（Nandy, 1964）．曲線は，凍結乾燥された芽胞菌の大きさの分布に対して算出された減光曲線を示す．

ると考えた．これは，特に説得力がある結果である．なぜなら，以前のどんな無機モデルと比較しても，われわれのこのモデルは本質的に，パラメーターに左右されないものだからだ．もし，星間塵が実は細菌であったとしたら，間に合わせの仮説など一切必要がなくなる．

複合的な生物学的モデルの完成

一見して簡単そうなことほど難しい，というのはよくある話だ．紫外線波長域の，恒星からの光の減光（光が暗くなる）に関する新たな観測と，赤外線域に関するデータとにより，細菌モデルを改良する必要が生じた．われわれは，ナノ細菌，またはウイルスとして特定された塵の成分のほか，芳香族分子の形状をした分解生成物も，導入する必要に迫られた．前者は，減光が継続的に紫外線へと上昇する形として，また後者は，2,175 Åの波長を中心とする，対称的な吸収帯として現れた．この複合的な生物学的モデルを，天体観測結果とともに，図 4.3 に示す．

宇宙の生物学は，特別の仮説を一切必要とせずに，利用可能だった全てのデータと一致している（図 4.2 と 4.3）．その一致の程度は，その他の競合するあらゆる無機モデルでは見ることのできないものだった（Wickramasinghe, 1991）．加えて，2,175 Åでの減光曲線における「こぶのような隆起」（1963 年に最初

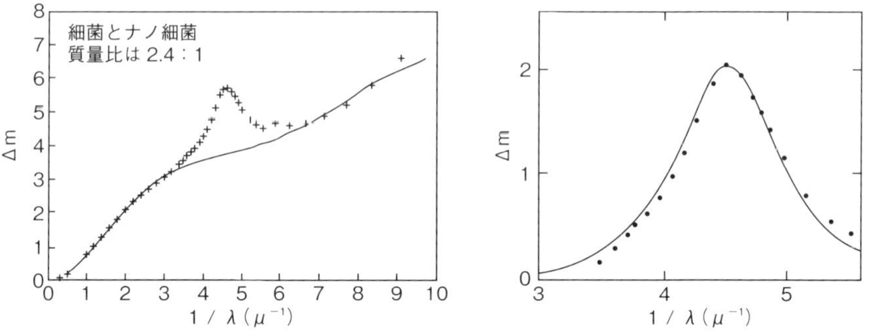

図 4.3　星間減光（点）と生物モデル［中空芽胞菌（図 4.2）と，大きさ 0.01 μm のナノ細菌またはウイルス（生物学的芳香族分子の集合体）からなる］の一致．生物モデルは減光曲線の波長 2,175 Åでの隆起について説明する（詳細は Wickramasinghe *et al.*, 2010 を参照）．

に発見された）は，はじめは炭化した細菌やウイルスから生じた，球形の小さな黒鉛粒子に，その原因が求められたということを指摘しておいたほうがいいだろう（Wickramasinghe, 1967）．

生物学的モデルは，図 4.3 に示したように観測データとぴったり一致する．このことが，われわれが星間塵の生物学的モデルに対し，当初から信頼を置いた主な理由である．

科学理論が妥当と認められるためには，立てた予測が，検証と妥当性の確認を行えるものでなければならない．このモデルは，多角的な観点から驚くほどに肯定的な結果が得られた．予測の一つは，遠く離れた天文学的放射源からの赤外線放射に吸収を引き起こす，塵の効果に関するものだった．

生物学的モデル予測と観察結果の一致

塵の生物学的モデルに基づく予測と明らかに一致する，最初の赤外線スペクトルは，1980 年から 1981 年にかけて得られた．それは，ダヤル・ウィックラマシンゲとデイヴィッド・アレンが，アングロ＝オーストラリアン天文台の望遠鏡を使って観測した，銀河中心部の放射源 GC-IRS7 から得られたものである（Hoyle & Wickramasinghe, 1992）．宇宙の生物学に関するわれわれの考えの進展を示すという意味で，その歴史的重要性という観点から，図 4.4 にこの比較を改めて示す．実線の曲線は，2.8 ～ 4 μm の波長域で，ダヤル・ウィックラマシンゲとデイヴィッド・アレンが収集した天体観測データと，ほぼ一致していることがわかる．3.4 μm での細菌の吸収係数の測定値と，図 4.4 の天体観測データを見て，われわれはすぐに，銀河中心部（放射源 GC-IRS7）からの視線上に存在する星間炭素の，およそ 25 ～ 30 % は，細菌型の塵微粒子，あるいは，いずれにしても，凍結乾燥された細菌と分光的に区別ができないような，微粒子の形状をしていなければならないことに気がついた．

観測技術が向上したことにより，ESA（欧州宇宙機関）の赤外線宇宙天文台や，スピッツァー宇宙望遠鏡などで，天文学的放射源からの赤外線スペクトルは，ここ数年，さらに徹底的に調査が行われている（Smith *et al.*, 2007）．

生物学的に特有な指標が，さまざまな天文学的スペクトルにおいて，広範にわたる赤外線波長域において示されている．図 4.2 から 4.4 までに示したよう

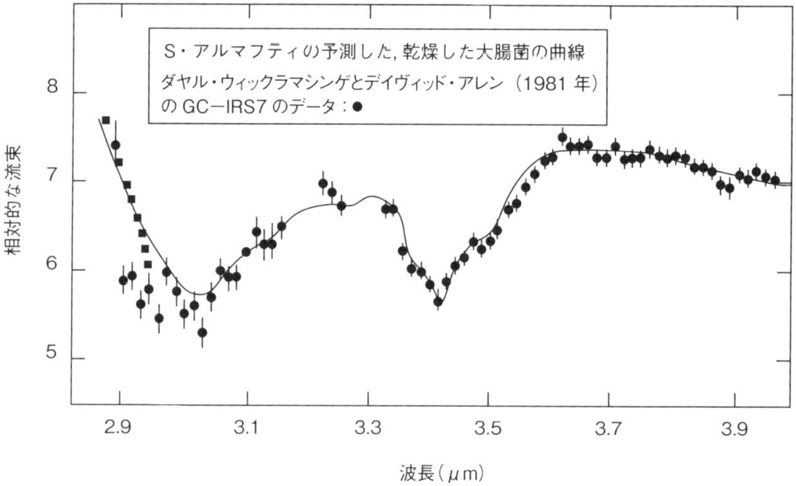

図 4.4　GC-IRS7 の赤外線スペクトル（データ点は，Allen and Wickramasinghe, 1981 より）．
波長 2.8 ～ 4 μm で，乾燥微生物との一貫性を示す．

な一致が示唆するように，生物に近い物質があらゆる場所に存在している，というわれわれの以前の結論は，さらに裏付けられつつある．その一方，有機分子や，重合体や，PAH を生成する非生物（無生物）的プロセスによって，同じデータセットを説明する試みは相変わらず不自然で，証明されないままである．

3.3 ～ 22 μm までの波長域で，一連の未同定赤外線放射帯（UIB）が存在する．それは銀河系だけではなく系外銀河においても塵の存在する，ほぼ全ての領域に見出されている．UIB など，銀河系や系外銀河にある，多くの放射源に関する最近の観測結果は，スピッツァー宇宙望遠鏡を使用して行われている．これらの放射帯は，一般的な星間媒質のほか，より局所的には，新たな惑星系の形成にかかわる星雲（原始惑星状星雲，PPN）でみられる．UIB および PPN の波長と，自然に発生する生物系のスペクトル特性との比較を表 4.1 に示す．

このような吸収を示す可能性があると思われる，一連の有機分子の起源については，まだ議論の余地がある．PAH（多環芳香族炭化水素）は，一般に無機的に形成すると考えられており，多くの天文学者に，その候補のように考えられている．しかし，それが，利用可能なあらゆる天体観測データと満足のいく

表 4.1　2組の天体観測結果［未同定赤外線放射帯（UIB）および原始惑星状星雲（PPN）］と，生物学的モデルにおける主な IR 吸収帯の分布（Rauf and Wickramasinghe, 2010）．

UIB	PPN	藻類	草	瀝青炭	無煙炭
3.3	3.3	3.3	−	3.3	3.3
−	3.4	3.4	3.4	3.4	3.4
6.2	6.2	6.0	6.1	6.2	6.2
−	6.9	6.9	6.9	6.9	6.9
−	7.2	7.2	7.2	7.2	7.2
7.7	7.7	−	7.6	−	−
−	8.0	8.0	8.0	−	−
8.6	8.6	8.6	−	−	−
11.3	11.3	11.3	11.1	11.5	11.3
−	12.2	12.1	12.05	12.3	12.5
−	13.3	−	−	−	13.4

形で（PAH が）一致することはなかった．あらゆる PAH（コロネンなど）と一致する吸収ピーク波長は，いくつかの UIB と一致することが知られている．しかしその正確な位置は，励起条件と電離状態に敏感に反応する．オッカムのかみそりとして知られる単純化の原則により，さらなる制約となるのは，UIB 放射を行う同じ芳香族分子（表 4.1）でも，恒星光減光に関して，2,175 Å での広範な吸収ピークを示さなければならない点である（図 4.3）．そして，いずれの観測結果も，同じ生物分子集合体から得られたものでなくてはならない．

未同定赤外光も生物とその分解生成物により説明可能

UIB の特性に加えて，3.3 μm での放射帯が，分離した天文学的放射源だけでなく，銀河全体の未同定赤外光としても存在している．これについても PAH が原因であるとされている．われわれは，これも生物由来の芳香族分子を成分としているに違いない，と解釈している．このプロセスにおいて放射される放射線は，星間減光と関連する，2,175 Å のキャリアで吸収されるエネルギーであると仮定しなければならない．生物学的芳香族分子が，このように二重の役割を果たす可能性があるという事実に最初に注目したのは，30 年以上も前のことだった（Hoyle and Wickramasinghe, 1991 を参照）．そしてカニ・ラウフと筆者が最近行った実験研究により，無機的に生成された，いかなる芳香族分子より，生物とその分解生成物が勝ることを裏付ける，さらなる証拠が提示

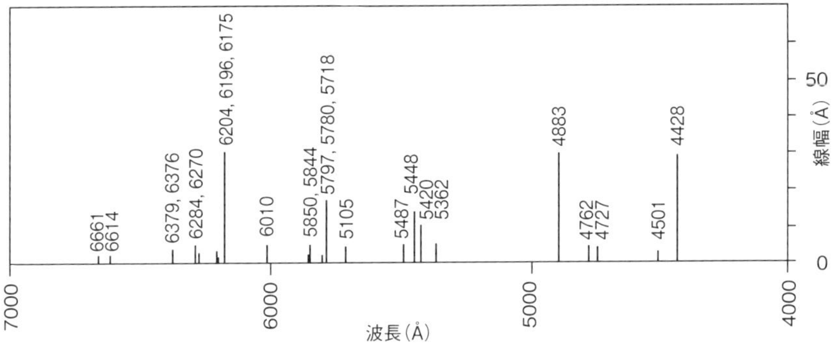

図 4.5　未同定星間吸収帯の分布（Hoyle and Wickramasinghe, 1991）.

された（Rauf and Wickramasinghe, 2010）.

紫外線と赤外線の波長帯での吸収と放射に加えて，生物学的芳香族分子の効果は，恒星の可視スペクトルにも現れる．可視波長では，恒星スペクトルの星間吸収帯，特に 4,430 Å付近での特性は，天文学者たちの間で長年にわたる謎とされている．これらの吸収帯については，ポルフィリンのような，生物と関連する分子に基づいた説明が可能である（Hoyle and Wickramasinghe, 1991; Johnson, 1971, 1972）．1936 年の発見以来，4,400 ～ 7,000 Å までの波長域での，2 ～ 40 Å の幅をもつ吸収帯の数は，20 以上にもなった．これらの吸収帯は，原子や，イオンや，小分子における電子遷移として説明するには広すぎるため，現在に至るまで，その同定と起源はあいまいなままである．主な未同定星間吸収帯の線幅および波長の中央値を，図 4.5 に示す．

未同定の可視波長帯も生物色素により説明可能

光学天文学から，赤外線および紫外線による天体観測へと関心が移ったことで，これらの可視波長帯に関する研究は，この 20 年間無視されてきたように思われる．しかしながら，すでに利用可能となっている重要なデータセットをみると，生物色素の役割が最も見込みがありそうだ．筆者の見解では，最も有望な解決法は，40 年近くも前に F・M・ジョンソンが最初に提案したものである（Johnson, 1972）．葉緑素とメタロポルフィリンのスペクトルに関するデータや，関連する色素を大まかにみただけで，最も強力な未同定星間吸収帯は，確かにこのような体系，特に 4,428，6,175 および 6,614 Åの吸収帯で生じる可能性があることがわかる．ジョンソンは，この原因となっているのは，特定の分子 $MgC_{46}H_{30}N_6$ であると主張している．だが当時は，ホルムアルデヒドよりも複雑な分子が星間空間に存在するとは考えられていなかったので，ジョンソンの案は馬鹿げているとして退けられた．

広域赤色輻射も生物色素による説明可能

宇宙生物と関連性があると思われる，天体スペクトルのもう一つの特性は，いわゆる広域赤色輻射（ERE）というものである．5,000 ～ 7,500 Åの赤色波長帯での蛍光発光現象は，ウィットとシルドゥによって初めて，塵の存在する領域で観測された（1988）．このデータは，現在ではかなり広範囲で確認されている．現在，広域赤色輻射（ERE）は，銀河系内の惑星状星雲，イオン化水素雲（HⅡ）領域，暗黒星雲，高緯度巻雲だけではなく，系外銀河でも認められている．この現象については，葉緑体やフィトクロムなど，生物学的発色団（色素）の蛍光挙動に基づいて，首尾一貫した説明をすることができる．これら全ての特性が，生物色素と一致しうると説明することが可能である．これを，ぎっしり詰まった無機的 PAH 系による放射に基づいたとする，競合モデルは，図 4.6 に示すとおり，満足のいくものではない．ヘキサペリベンゾコロネン（Hexa-peri-benzocoronene）は，ぎっしり詰まった多環芳香族炭化水素の一種で，これに関連して天文学の文献で取り上げられることがあるが，やはり十分適合しているとは言い難い．したがって生物モデルは依然として，この現象についての，最も単純で，可能性のある説明となっている．

系外銀河の放射源も生物の存在を示唆

では，生物に関する分光法による証拠は，宇宙ではどれだけの距離にまで及ぶのだろうか．われわれの銀河系は，明らかに生物型物質で満たされており，星間雲に含まれる炭素の 25 ～ 30 %が，このような形状によって結合している可能性があることを見てきた．また系外銀河の放射源も，生物の存在を示すものと考えられる．これらには，われわれの銀河と同じ塵の減光特性や，未同定星間吸収帯や，未同定赤外線放射帯（UIB）や，そして場合によっては広域赤

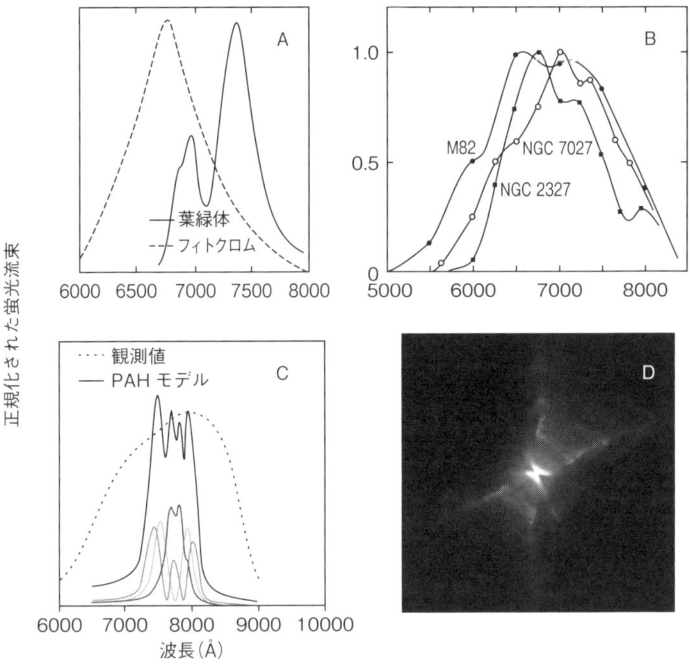

図 4.6　図 B と図 C の点は，Furton and Witt（1992）および Perrin *et al.*（1995）のデータに基づく，分散する連続体での正規化された過剰流束を示す．図 C の曲線は，無機 PAH のモデルを，図 A の曲線は温度が 77 K のときのフィトクロムおよび葉緑体の生物系をそれぞれ示している．図 D は，赤色長方形星雲の写真である．

色輻射（ERE）が含まれている．

特に離れた銀河のなかで，芳香族分子または生物分子の赤外線シグネチャを示しているのが, 赤方遷移 z = 2.69 を示す高赤方遷移超高度赤外線銀河である．この銀河のスペクトルを図 4.7 に示す（Teplitz *et al.*, 2007）．この銀河から光が放射されたのは，標準的なビッグバン宇宙論によれば，宇宙がまだ幼い 25 億歳のときであった．

2,175 Å での星間塵吸収の紫外線隆起は，生物分子にも割り当てられる場合がある．このような隆起は赤方遷移度が 2.45 までの非常に遠く離れた銀河（距離が 110 億光年）を観測した際にも現れている．これは明らかに，生物学的な関連物質が，ビッグバンによる宇宙の誕生とされる時点から 25 億年以内に形

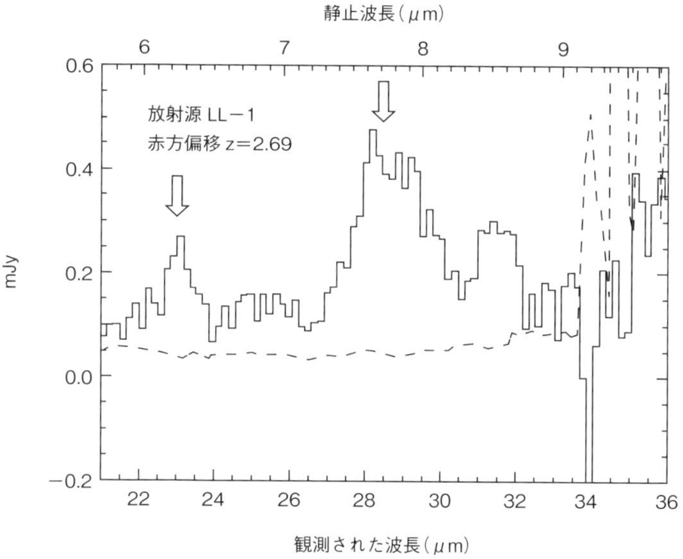

図 4.7　放射源の 6.2，7.7 および 11.3 μm 帯に見られる赤方偏移（Teplitz *et al.*, 2007）.

成されたことを実証するものである（Ellasdottir *et al.*, 2009; Motta *et al.*, 2002; Noterdaeme *et al.*, 2009）.

氷微粒子から黒鉛そして生物微粒子モデルへ

この章を締めくくるのにあたって，筆者が星間塵微粒子の性質に関する研究に取り組んだ 50 年間に，思ってもみなかったパラダイムシフトが起こっていることを指摘しておきたい.

H・C・ファン・デ・フルストが提唱した氷微粒子理論は，筆者が最初に研究に取り組んだ 1961 年当時，絶対不変のものと思われていた.
ところが，やがてその転覆が起こったのである．黒鉛粒子理論の提唱は，当初は激しい反論にさらされたものの，10 年後には確固たる地位を築くことになった（Hoyle and Wickramasinghe, 1962）．しかしそれからすぐに，天体観測や計算の技術がさらに洗練されると，ホイルと筆者は，これまで述べてきたように，単純な黒鉛モデルを断念し，重合化した塵微粒子や芳香成分子へと転換しなくてはならないと感じた（Wickramasinghe, 1974; Hoyle and Wickramasinghe, 1977）.

生物学的モデルを優先

微粒子の成分としての鉱物質ケイ酸塩は，1969年以降，急速にもてはやされるようになった．しかしながら，赤外線に関するデータと一致する，特定の鉱物質ケイ酸塩を明らかにすることが非常に困難であるとわかり，天文学者たちは，「天文学的ケイ酸塩」の存在を仮定する必要を感じていた．このため，この問題を逆転して，8 ～ 12 μm の波長帯での天体スペクトルと一致する，仮想的な吸収物質を定義したのである．星間空間にケイ酸塩粒子が存在することは否定できない（われわれはケイ酸でできた惑星に立っているではないか！）ものの，3 ～ 4 μm，8 ～ 14 μm，そして 18 ～ 22 μm の波長帯に，有機物や有機重合体が圧倒的に多いことは，何年もかけて再確認されている（Hoyle and Wickramasinghe, 1991）．現在は, 図 4.2 および 4.3 に示したデータの説明として，黒鉛粒子とケイ酸塩微粒子の混合物であると考えがちだが，筆者としては否定的である（Draine, 2003 を参照）．1969 年にわれわれは，独自にそのモデル化と確認の手順とを考案した（Hoyle and Wickramasinghe, 1969）．しかし後年になって，この章で取り上げてきた理由から，このモデルと手順を捨てて，生物学的モデルの方が妥当であるとして，それを採用することにした．

黒鉛とケイ酸塩の最善のモデルには，両方の成分について，微調整を施した粒度分布が得られる必要がある．そしてその後で問題となってくるのは，これらの成分が，銀河の大部分で極めて正確に不変な量を示している理由を説明することである．生物モデルは，このような不変性について，自然に，そしてエレガントに説明してくれる．

星間空間に溢れる生物

宇宙は確かに，われわれの想像を絶する未知の空間である．そこには，数多くの驚きが待ち受けているはずである．われわれは，1970 年代，1980 年代，1990 年代と，宇宙のあらゆる場所に複雑な有機物が潜んでいるという，真のパンドラの箱が開かれるさまを目にしてきた．宇宙空間に存在する全ての炭素の大部分は，有機物，つまり生物のような物質として固定されていることから，生物との関連性は必然的なものと思われた．ここで残された選択肢は二つである．無生物からの生物の発生が，宇宙のいたるところで生じているのか？　ありえないほど困難で，ほとんど不可能なことだと考えられる．あるいは，宇宙に生命はあまねく存在しており，パンスペルミアは必然的なものであるという証拠が示されているところなのか？　筆者の答えは後者，つまり，生命は宇宙で起こる現象だと考えるほうを選ぶ．そして，この見解を裏付ける証拠がさらに見つかっているのである．

微粒子に関する生物学的議論は，莫大な数の観測を統一的に説明できるという利点がある．それに対し，非生物学的説明はかなり不自然で，多くの自由パラメーターを微調整する必要がある．500 年も前のプトレマイオスの太陽系モデルを考えてほしい．もし時代遅れのパラダイムを維持しようというのなら，新たに観測を行うごとに，いちいち新しい周転円を描かずにはいられない状況となる．

多くの宇宙生物学者は無分別にも，天文学的現象を生物から切り離す道を選択している．星間空間に存在する膨大な生化学物質の存在を，天文学的な規模で作用する，仮説的な前生物段階の化学進化の証拠である，と考える傾向である．このような推測には，事実による裏付けがまったくなされていない．

生命の誕生は，宇宙の歴史でたった一度しか起こらなかったユニークな事象だったと考えることが正論である．生細胞の劣化は，よく理解されているプロセスである．また地球上で，最終的に無煙炭や石炭が形成される一連の生物体の変遷もよく記述されている．この章で取り上げた，2,175 Å での吸収や，未同定赤外線放射帯や，可視波長帯などの天体観測データはいずれも，生物前駆物質段階の証拠というよりも生物の証拠として，正しく説明される可能性が非常に高いものである．

第 5 章

鍵は彗星にあり

Comets

地球の誕生

約 45 億年前，地球は，原始太陽系星雲の内側に存在していた岩石片が集まる最終段階に入っていた．岩石でできた外側の地殻と，その下のマントルと，中心の金属核は全て形成されていた．しかし，生物が生息できる前提となる構造ができあがるまでには，あと一息のところであった．この頃の地球はおそらく，現在よりもいくぶん速く自転しており，したがって一日は 24 時間よりも短かったと思われる．空には，彗星が尾を引いた跡がいくつも美しく残っていた．氷で覆われた外惑星は，まだ彗星型の前駆天体の様相であった．多くの彗星が，まだ若い惑星の岩だらけの表面に何度も衝突していたことだろう．そしてその間に，水や二酸化炭素などの揮発性物質が大量にもたらされた．そのようにして，原始地球の海や大気が形成されていった．彗星や小惑星が衝突するたびに，表面にクレーターや裂け目ができた．しかしそれは結局，月と同じように不毛な大地だった地球を，水と青い空のある惑星へと変化させることになった．こうして地球は，生物の生息に適した場所になった．

彗星によって生命が地球に運ばれた

地球への天体の衝突の歴史について，図 5.1 に概略を示した．時間軸 t が 45 億年前の地球の誕生時点あたりで，衝突の頻度が漸近的に上昇しているのは，地球の外層が集積される最終段階にあったことを表している．約 40 億年前に，衝突頻度のピークがみられるが，これは月が形成される時点と対応している*[1]．

地球が形成された最終期に，極めて巨大な天体が衝突し，大量の物質が吹き飛ばされ，それが再び凝集して月が形成されたと考えられる．

地球上の生命の存在を示す非常に古い証拠と，彗星の衝突がごく僅かな回数にまで減少した時期とが，まるで神の思し召しともいえそうに，ほとんど正確に一致しているという話は前にも述べた．その時期というのが，40億年から38億年前のことで，このとき地球は，彗星がもたらした物質が集積される最終段階に入っていた．これらの事実の唯一の合理的な解釈は，生命は彗星の衝突によって地球にもたらされ，地表の条件が生息に適したものになるとすぐ，地球に根付いたと仮定することである．いわゆる原始スープが存在したことを示す証拠は，地質時代のどの時点にも見出せない．また，地球上で，最も古い生物の出現より以前に，生命の前駆物質に関する化学的な進化が起こった証拠も見当たらない．

つまり，彗星が地球に生命をもたらした可能性が非常に高いと見なすのが自然である．彗星が生命の運搬役として，宇宙全体に生命と生命の遺伝的遺産とを運び，分配したと考えることが自然である．フレッド・ホイルと筆者がこの

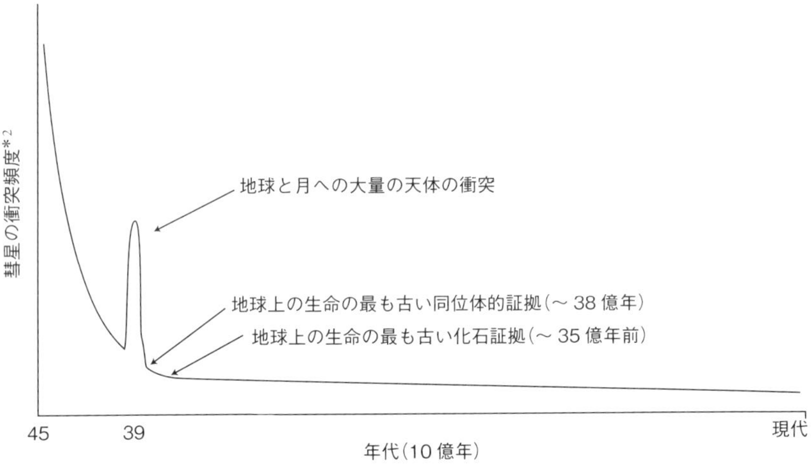

図5.1　月面のクレーター形成頻度に関する概略図．

---

*1 この記述は誤り．月の形成は45億年くらい前．

*2 彗星の衝突頻度ではなく，月面のクレーター形成の頻度．

見解に到達した1981年は，第4章でも述べたとおり，星間空間に細菌，あるいは細菌型の塵が存在する証拠が疑う余地もなく確立された年であった．

生命の起源を彗星とする発想は，当時神聖視されていた原始スープのパラダイムに反していた．われわれに対する批判の目からすると，それはある意味，二重の犯罪ともいえるものだった．彗星と人類との関わりは，世界のさまざまな文化で深く根付いているものであり，昔の人々が彗星に対して抱いていた恐れは，ほとんど普遍的なものであった．ホイルと筆者が彗星と地球上の生命の起源とを結びつけようとする試みは，古代の迷信の再現とあまりにも似ていた．それゆえ，この段階でのわれわれに対する反応は概して否定的だった．

古代〜近代に至る彗星論

彗星に対する古代の人々の考え方は，二つに分けられる．一方は，彗星を惑星と同等の天体と考えるもの，もう一つは，大気中にだけ存在する蒸気が光っている気象現象と見なすものである．いずれにしても，彗星そのものの現象ではなくて，彗星がもたらす影響を重視している．アリストテレスは，彗星とは炎に包まれた隕石であると論じたが，たぶんこれが最も真実に近いだろう．そのほかにも，彗星が出現するときには，空から石が落ちてきたり，嵐や旱魃（かんばつ）や津波や地震などが起こったり，地上にさまざまな影響が及ぶと主張している．改めていうが，アリストテレスは後世の思想家よりも，このような事象に関する理解としては真実に近かった．前にも取り上げているとおり，生物学と宇宙論との関係に対して，アリストテレスが誤解や誤った判断をしていたことを考えれば，これは確かに喜ばしいことであった．

古代において彗星は，好ましくない影響の到来を告げるものと信じられていた．だからこの天体は社会への何かの前兆として現れた．シェイクスピアは次のように綴っている．

> 乞食が死のうが，彗星は現れない．
> 王子が死ねば，天は自ら炎を放つ．

彗星に関するこのような昔の考え方は，事実と，ある偶然の一致に基づいた誤った推論などが複雑に混ざり合ったものだったのに違いない．重要なものもあれば，取るに足らないものもあっただろう．詩的な表現とか，迷信や恐怖心とかいったものが，何らかの役割を果たしたのかもしれない．このような状況は，つい最近まで，彗星とそれに伴う現象の性質が，理解を大きく超えたものであったため，特にそうであったかもしれない．

ハレー以降の彗星論

彗星が周期的に出現することに初めて注目したのは，イギリスの天文学者エドモンド・ハレー（1656 - 1742）だった．ハレーは，1531 年，1607 年，1682 年に出現した三つの彗星の軌道が非常によく似ていることに気づき，これらは，太陽を周回する同じ彗星であると推測した．またフランスの天文学者 A・C・クレロー（1713 - 1765）は，ニュートンの重力理論を適用して，これと同じ彗星が 1759 年に再び出現することを予測し，事実そのとおりになった．この検証により，ニュートンの重力理論は，納得のいく形で立証されることになった．ニュートンとハレーの研究により，彗星が惑星よりもかなり小さいこと，そして彗星が，ニュートンの重力の逆二乗法則の影響を受けて，風変わりな楕円軌道を描いて太陽を周回していることはほぼ間違いないとされた．

17 世紀は，ニュートン力学が洗練され，デカルトの機械論的世界観が広く知られるようになった時代だが，彗星がもたらす前兆と，彗星に関する迷信は依然として続いていた．ニュートン自身，彗星は無秩序な楕円軌道を描いており，惑星が描く平面軌道（黄道面）に対してランダムな方向性を示すことを指摘している．したがってニュートンも，彗星が惑星と衝突することで，壊滅的な被害をもたらす危険性があることを鋭く察していた．しかしながら，慈悲深い神の思し召しによって，われわれは本当にまれにしか起こらない壊滅的な衝突を免れているのであると信じることで自分を慰めていた．さらにニュートンは，後者（まれな衝突）によって，地球などの惑星に周期的に，水などの再補給が行われることを肯定的にとらえていた．

19 世紀の終わりから 20 世紀の初めにかけて，彗星に関する研究は，アマチュアと，一握りの熱心な天文学者や物理学者しか行っていなかった．彗星に関する科学は，恒星や，惑星や，宇宙の巨大な構造のもつ性質を理解するのには，あまり関係がないと思われていた．そのため，天文学や天体物理学の隅のほうで，ひっそりと取り組まれていたのである．ニュートンがぼんやりと理解し，自分の手紙のなかに綴っていた，地球上の生命に対する脅威は，おおかた忘れ去られた．無視されたといったほうがいいかもしれない．

現代に入り彗星の重要性が注目される

彗星は，質量が比較的小さいため，天体としては重要ではないと考えられた．直径 10 km の彗星一つは，それ自体はその他の天体と比較すれば小さいように思える．しかしそれが数千億個も，太陽系の最も外側に存在しているとすれば，その影響は極めて重大で，決して無視できないものだ．過去数十年にわたる研究は，天文学における彗星の重要性を高めることになった．彗星は，楕円軌道で太陽の周りを回っており，その軌道周期は，ほんの数年から，数百年，数千年に及ぶものまである．短周期彗星はもともと，海王星の軌道の外側にある，カイパーベルト[1]と呼ばれる平らな円盤領域で形成された．これに対して長周期彗星は，太陽系外縁部の半径方向の距離にして，5 万〜数十万 au（天文単位，1au は太陽と地球との平均距離）の場所に存在する，球殻状に分布する氷物体に起源をもつと思われる．その概略を，図 5.2 に示す．

オールトの雲で形成された彗星が太陽に接近してくるのは，平均して年に 2，3 個程度である．これは超巨大質量の系外惑星や，他の恒星が太陽系の近くを通過することによって引き起こされる，ランダムな重力摂動が原因である．この進入率は，太陽系が大質量の分子雲の近くを通過するときには必ず増大する．このような事象は，平均で 4,000 万年〜 5,000 万年に 1 度しか起こらない，と推定される．このような事象が発生すると，地球を含めた内惑星に，彗星が衝突する割合は著しく増大する．そしてこのような衝突が起こると，生物を絶滅させるだけではなく，地表の塵や岩石を再び，惑星間空間にまき散らす可能性があると論じられている（Wickramasinghe *et al*., 2010）．このプロセスが最近まで続いていることは後の章で取り上げる．

彗星の軌道が太陽に接近すると，太陽の熱によって，彗星核の表面の物質が蒸発し始める．彗星核を取り巻く遊離気体は，すぐに発光を始め，太陽の大き

---

[1] 短周期彗星（周期 200 年以下）の源と考えられている．

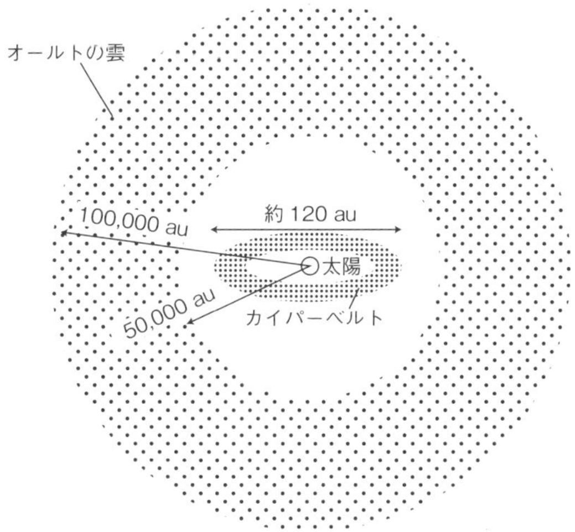

図 5.2　太陽系に属する長周期および短周期彗星の分布図.

図 5.3　1997 年 4 月 1 日に近日点に到達したヘール・ボップ彗星(公転周期は 2,520 年, 遠日点距離は 370 au).

さにも匹敵する，普通は 50 万 km にも及ぶぼんやりとしたコマが形成される．その後，太陽からの紫外線と，その表面から流出するガスによって，彗星のコマの明るく輝く気体と塵が吹き飛ばされ，長さが 1,000 万〜 1 億 km にもなる彗星の尾ができる．彗星の尾はしばしば二つに分かれる．一つは，気体でできた細くて薄い尾で，もう一つは，塵でできた，優雅な曲線を描く扇形をした幅広い尾である．そして，彗星が空を横切っていくとき，この塵でできた尾は 10 度〜 20 度の角度に広がっているように見える．そのため，特に大きな彗星の場合には，壮麗な光景として夜空を照らし出す．

彗星は，汚れた氷塊ではなく難揮発性の有機物質からできている

第 4 章で述べたように，星間塵には，生物学的に生成された物質が含まれていると結論すると，彗星と生命とのつながりは，ほぼ十分に説明できると思われる．1970 年代，彗星は，取るに足らない汚れた雪玉だと考えられていた．これは F・ホイップルが提唱したモデルで，20 年以上にわたって，科学界では絶対的真実であると見なされてきた．モデルは，観測によって新たに証拠が見つかれば，すぐに変わってしまうものだが，ホイップルの汚れた雪玉パラダイムが最終的に捨て去られるまでには，さらに長くて厄介なプロセスが必要となった．

ホイップルのいう，汚れた氷の礫岩，つまり汚れた雪玉のモデルは，彗星のコマや尾に，多くの種類の原子や，水，二酸化炭素，さまざまなラジカルなど，単純な分子に対応した，多くの発光帯が発見されたことで，もてはやされることになった．凍結した水，メタン，アンモニアの混合物が，彗星の中心核の，親分子の源となっているという発想は理に適っていると思われた．彗星の尾は，大きさ 1 μm 程度の小さな粒子によって散乱される太陽光のスペクトル特性をもっていることがわかっている．これらの固体粒子は，彗星核の大部分を形成する，揮発性の高い物質と混ざり合っていると考えられている．

揮発性の気体物質は，核から放出されるときに，塵成分も運んでいく．1970 年代には，彗星の尾を形成する塵は，鉱物ケイ酸塩からできていると考えられていた．ホイップルの提唱する，汚れた雪玉のような彗星を大まかに説明すると，凍った水とメタンとアンモニア，そしてケイ酸塩の塵からなる，幅 10 km

の塊ということができる．そのほか，氷の基材にできた非常に小さな孔のなかには，その他の分子も存在する．

1970年代初めには，電波天文学者は，彗星から放出される気体から，ホルムアルデヒド（H_2CO），シアン化メチル（CH_3CN），シアン化水素（HCN）の分子を発見していた．新たなデータは，それまで支配的だった彗星に関するパラダイムにぴったりと一致せず，従来のモデル全体に疑いを投げかけることになった．その当時，筆者は，プラハのカレル大学のV・ヴァニセク教授と知り合った．ヴァニセク教授は，彗星のスペクトルに関する研究を行っていて，ホイップルの汚れた雪玉モデルには，納得がいかないと感じていた．そこでヴァニセクと筆者は，彗星の塵に関する斬新なモデルを提唱した．それは，彗星核の大部分は難揮発性の有機物質からできており，彗星が太陽に十分接近するにつれて，有機重合体が表面に露出し，より小さな分子単位に分割されるという説である（Vanysek and Wickramasinghe, 1975）．

彗星は，細菌とその分解生成物からできている

それから数年経って，フレッド・ホイルと筆者は，彗星に関する問題をさらに深く検討することにした．もし，彗星が非生物的な有機重合体ではなくて，細菌とその分解生成物とでできているとしたら，一体どうなるだろうか．これは，われわれがこれまで，生物由来であると主張してきた星間塵と，彗星の尾に含まれる塵との関連性について述べた説である．彗星は，かつてはつまらないと考えられていた物体から，宇宙全体で最も重要で興味深い物体へと，すぐさまその地位を格上げされることになった．生物学的特性をもつこれらの塵微粒子は，第3章でも取り上げているとおり，宇宙の起源となったビッグバンから数百万年後にまで遡る．その頃凍結した原始惑星に由来するのであろうか．あるいは，開かれたタイムスケールをもつ，準定常状態の宇宙に，あまねく存在する特質であろうか．

彗星は微生物の巨大な培地

ここで，彗星が微生物を培養する役割を果たしているという概念を，さらに詳細に考えてみよう．もし元々の彗星の滞留場所である，太陽系のオールトの

雲が，生存可能な細菌という形の塵微粒子を，1 兆分の 1 程度含んでいたとしてみよう．その程度でも，彗星 1 個当たり，生きている細菌細胞は，当初から数百個は存在することになる．

われわれの太陽系内で新たに凝集した彗星は，普通は数百万年もの間，放射性崩壊によって温かく保たれていて，内部が液化している．このことは，前の章で述べたとおりである．そのため，それぞれの彗星は，最初から，微生物が急速に成長するために必要な水と，有機栄養素と，無機塩類のなかに少数の生きた細胞を含む，巨大な培地であると考えられる．この培地の大きさは，生化学者の実験室内で想像されるよりもはるかに大きい．エンパイアステートビルより，そして，長期にわたって運行されている国際宇宙ステーションより，もっと大きなものである．彗星の内部領域が，溶融した状態であると考えると，個々の彗星内部が生物学的に好ましい条件を満たしていることは当然のことに思われる．

彗星の内部が，液体の状態を維持していられる期間は，そこで使われている放射能源と，彗星の全体的な大きさとによって左右される．半径 10 km の彗星の，約 1 km もある分厚い外殻は，温かい水様性の内部を長期にわたり維持し，細菌がコロニーを作り複製することが可能な彗星の内部を細菌で満たすために必要な断熱状態を提供することであろう．もし，生きた嫌気性細菌が，一つでも彗星の液状の内部に存在しているとすれば，2，3 時間で分裂して，2 個の子孫が誕生するだろう．そして 2 時間ごとに，2 個が 4 個，4 個が 8 個，8 個が 16 個という風に分裂を続けていく．このような倍化を 40 回も繰り返し，その間，十分な栄養が継続して得られるのであれば，培地は 4 日間で角砂糖ほどの大きさになる．そして，倍化が 80 回繰り返されれば，培地の大きさは 8 日間で田舎の池くらいの大きさになり，120 回繰り返される僅か 12 日目には，彗星核全体が，生物学的物質に姿を変えてしまうだろう．この計算での正確なタイムスケールはもちろん，常に栄養素やエネルギーをすぐに摂取できると仮定して，小さく見積もったものである．彗星から生体物質への変化に関する，より現実的なタイムスケールは，数百年にも及ぶのが当然だが，これは，彗星内部が液状に保たれなくてはならないタイムスケールに，十分対応した期間である．そこで当然，太陽系が誕生して間もない頃に存在した，1,000 億個の彗星によって，宇宙の原始細菌が増殖し，宇宙の生命の遺産が再生され，不滅のものとなるための環境が，極めて都合よく整えられたことになる．銀河系には，太陽によく似た恒星が1,000億個もあり，その一つ一つがよく似た条件をもっているとすれば，宇宙論的規模で宇宙の生物が増殖し，維持されるというスキームには，極めて説得力がある．

石炭のように黒かったハレー彗星

この考えをどうやって確かめればいいのであろうか．その最初の機会となったのが，1986年のハレー彗星の回帰直前のことだった．彗星の組成と，宇宙における役割に関する重大なパラダイムシフトが，この極めて歴史的な彗星の到来によって訪れるとは，何という御膳立てであろう．前にも述べたとおり，ハレー彗星は，エドモンド・ハレーが1531年，1607年，1682年の周回について研究を行い，その結果，彗星は楕円軌道を描いて太陽を周回する，という事実が明らかにされた．そしてまた，ニュートンの重力理論を証明し，事実上，科学史上におけるコペルニクス革命を確かなものとした彗星でもあった．ハレー彗星は，約76年の平均周期を持ち，最近では1986年2月に近日点を通過し，最も太陽に接近している．

ヨーロッパが打ち上げた宇宙探査機「ジオット」が，ハレー彗星に接近する前，1986年初めに，ホイルと筆者は，「ハレー彗星に関するいくつかの予測」と題した論文を発表した（Hoyle and Wickramasinghe, 1986）．この論文のなかで，われわれは，ジオットが彗星核に最接近したときに，搭載されたカメラが何をとらえるかを予測していた．生物学的重合体が長期にわたって風化し，効果的に石炭化した結果，表面は暗い色でごつごつとした，全体的に石炭のような感じだと主張した．そして，まさしくそのような光景が撮影された．計画に携わった科学者たちが「石炭のように黒い」と描写した，地表面のアルベド値は0.01％未満であった．しかし，ジオット・ハレー彗星計画の立案者たちは，誤った理論をやみくもに信じていたために，大きな代償を払うことになった．彗星の表面は，雪原のように輝いているだろうと思っていたので，カメラのピントを最大の明るさに合わせておいた．ところが実際には彗星の表面が暗かったために，最初に送信された画像に問題が起こったのである．この結果に，ジオット

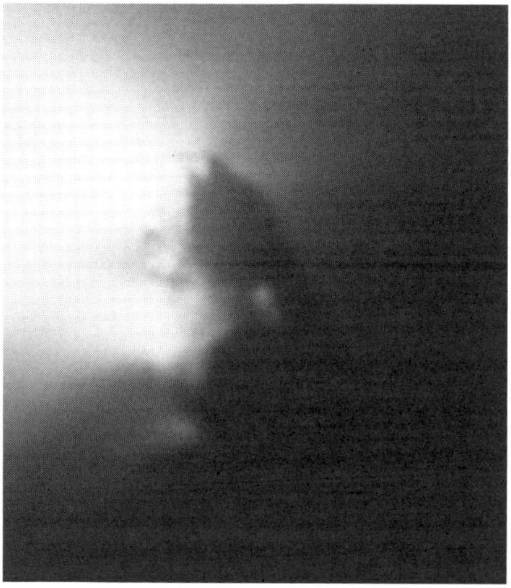

図5.4　最初に送信されたハレー彗星の画像（1986年）.

とハレー彗星の最接近の様子をテレビで観ていた，数百万人の視聴者たちは落胆させられた．後処理された画像を見ると，ハレー彗星の核は，巨大なピーナツのような形をしていて，およそ16×8×7kmの大きさだった．史上初めて目視され，撮影が行われた彗星核である（図5.4）.

彗星に生命（細菌）が存在するという仮説を裏付ける観測

数百万ドルを注ぎ込んだジオット計画は，結果的には，さまざまな分野で重要な成果を収めた．彗星に生命が存在するという仮説は，ダヤル・ウィックラマシンゲ（筆者の弟）とデイヴィッド・アレンが，1986年3月31日にアングロ＝オーストラリアン天文台の望遠鏡を使って，地上から行った観測のおかげで，確かに裏付けられた（Wickramasinghe and Allen, 1986）．図5.5に示したとおり，ハレー彗星から放出される塵の，赤外線スペクトルに関する2人のデータは，実験室で加熱された細菌が発するスペクトルと，完全に一致していた．

2人が観測を行ったとき，ハレー彗星は，1日当たり100万t以上の割合で，細菌型の塵を放出しているところだった．そしてハレー彗星は，観測期間の間ずっとこの状態を続けていた．宇宙探査機「ジオット」に搭載された質量分析

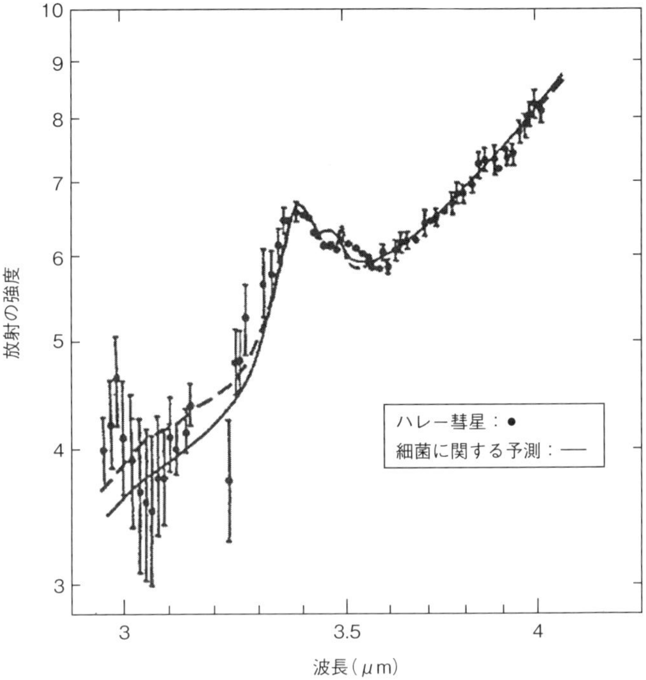

図 5.5　1986 年 3 月 31 日に，ダヤル・ウィックラマシンゲとデイヴィッド・アレンの観測による，ハレー彗星の塵でできたコマからの放射（黒丸で示す）と，細菌モデルの比較．算出された曲線は，Hoyle and Wickramasinghe（1991）に基づく．

計に反応する塵に関する独自分析によっても，彗星の塵の複雑な有機的構成が明らかになり，その構成は生物学的モデルと完全に一致するものだった．そして，これとほぼ似通った結論が，百武彗星やヘール・ボップ彗星など，その他の彗星についても有効であることが明らかになった．

あらゆる新しい観測技術が導入された場合そうであるように，1995 年 11 月 17 日の，ESA の ISO（赤外線天文衛星）の打ち上げによって，彗星に関する理論を検証する新たな機会がもたらされることになった．ISO がヘール・ボップ彗星について観測した 19，24，28 および 34 μm でのスペクトル特性は，水和ケイ酸塩によるものとされた．しかし，この対応関係がこれだけかということに関しては，依然として疑問が残った．主な赤外線帯でのケイ酸塩同定によると，このような物質は，大量の塵のうち，僅か数%にしかならない．クロヴィ

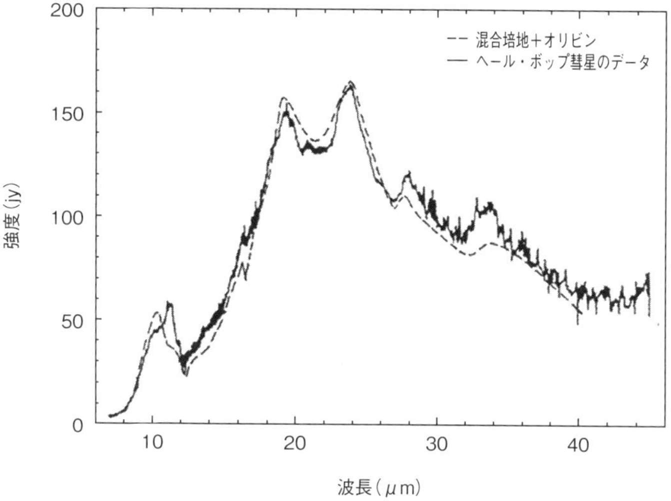

図5.6　点線の曲線は，質量の約20％に相当する，珪藻の形状をした微生物を含む，混合培地を示す．オリビンの塵は，生体物質よりも質量吸収係数が高くなるが，このモデルの場合，総質量の僅か10％しか占めていない（Wickramasinghe *et al.*, 2010）．

ジエほか（1997）によって得られた，ヘール・ボップ彗星の近日点距離（2.9 au）で観測された赤外線流束曲線がこれに当たると思われる．図5.6に示した，波のあるデータ曲線は，一目見た感じでは，オリビン微粒子が圧倒的に優勢であることを示しているように見える．しかし詳細モデルを検討すると別のことがわかってくる．

彗星核の内部組成

1986年以来，その他の彗星に関して多くの宇宙探査が行われ，これまでのところ，収集されたデータはハレー彗星で発見されたことと，おおむね一致している．いずれもアルベド値が極めて低く，塵のスペクトル特性が非常に似通っていた．図5.7に，ハレー彗星と比較して近日点距離qが異なるいくつかの彗星の画像を示す．

2005年7月4日，彗星の地殻と地殻下の層の，組成と構造が，突然注目された．NASAのディープインパクト計画は，370 kgの衝突体を，最高速度秒速10 kmでテンペル第1彗星の表面に向けて発射した．大量の気体と微粒子が放

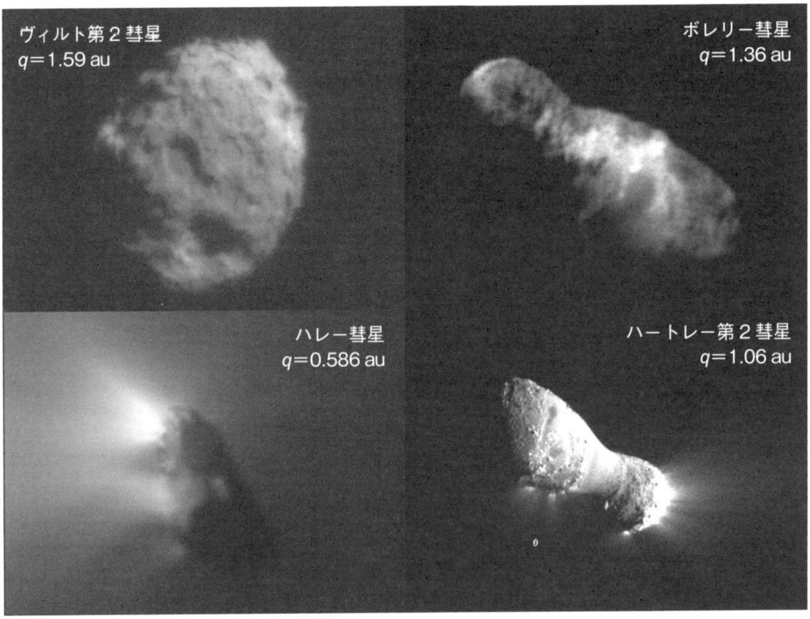

図 5.7　近日点 q がそれぞれ異なる四つの彗星の画像.

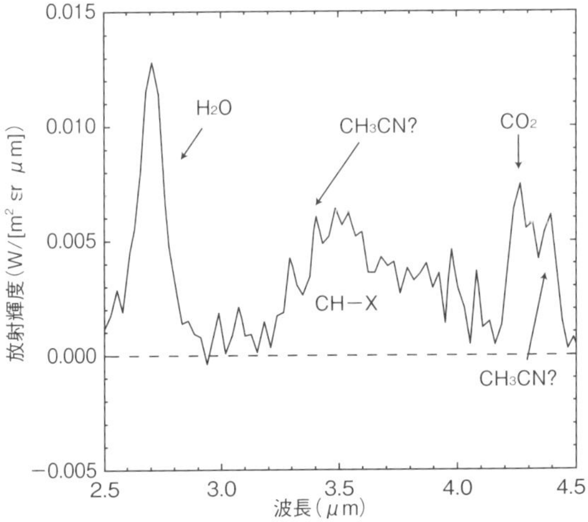

図 5.8　衝突から 4 分後の，テンペル第 1 彗星のコマのスペクトル（A'Hearn *et al.*, 2005）.

出されて，広範囲に広がるプルームとコマが形成された．図 5.8 を見ると，衝突から 4 分間後の赤外線波長に近いコマのスペクトルは，おおむね一定の水のシグナルと，それに関連して，波長 3.3 ～ 3.5 μm での有機塵の炭素結合による排出が急増していることを示している．

衝突後に発生したプルームにおけるこの波長での，過剰放射の説明は，コマの無機気体ではモデル化できない．劣化した生物学的有機物であるとするモデルが最も妥当である（Lisse *et al.*, 2006）．

テンペル第 1 彗星に湖が存在する証拠

内部活動や隕石の衝突によって，彗星の地殻を保護する上層が移動したり，崩壊したりした場合には，内部の湖のなめらかな表面がさらされる可能性がある．宇宙探査機「ディープインパクト」に搭載されたカメラで撮影されたテンペル第 1 彗星は，このような特性を明確に示している（Wickramasinghe *et al.*, 2010）．

図 5.9 には，2005 年に最初に確認された湖のような平地が，その後 2011 年に観測されたときには，さらに浸食によって変化している証拠が示されている．

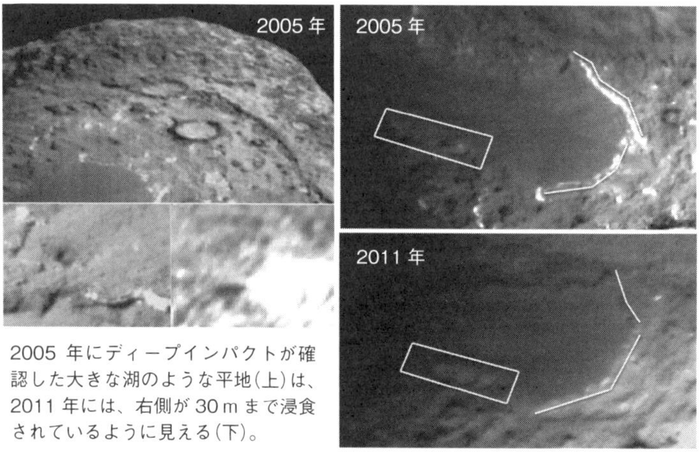

図 5.9　テンペル第 1 彗星のクレーター周辺の地形の比較．2005 年の宇宙探査機「ディープインパクト」（右上）と，2011 年 2 月の宇宙探査機「スターダスト」（右下）からの写真．左の図は，この付近の拡大領域を写した「ディープインパクト」による画像．

特に，右側の断崖が後退して，下にあった滑らかな湖の表面があらわになっていることがわかる．

彗星内部の細菌活動を示す発見

1999年2月，宇宙探査機「スターダスト」は，ヴィルト第2彗星を目指す，足掛け7年の航海に出発した．この計画は，彗星に突入して，エアロゲル[2)]のブロックで採取した塵を持ち帰り，エアロゲルに残った破片を研究するというものである．2006年，ヴィルト第2彗星から採取したサンプルは無事に地球に持ち帰られ,分析のためにいくつかの世界の科学者グループに配布された．採取用のエアロゲルには，粒子が高速で衝突したために，元の有機微粒子や，存在すると思われた細胞の証拠はほとんど残っていなかった．それは予測どおりで，僅かに微粒子の痕跡だけが見つかった．その痕跡からは，生きた細胞は発見されなかったものの，複雑な有機分子が大量に見つかり，そのなかには，アミノ酸のグリシンもあった．これらは全て,生物学的物質の分解によるもの，という解釈と一致するものであった．この物質の起源に関する生物学的な説明として，有機物はより単純な分子から放射線によって生成されたとする主張よりも，本書の主張[3)]のほうが，現実味があると思われる．有機物のほかに採取された物質は，立方体をした鉱物結晶などの鉱物粒子だった．鉱物は，液体の水の中で立方体に結晶する．したがってこの発見は，本章でも取り上げているとおり，原始彗星に存在していた液体の水が，彗星内における細菌の増殖に際して重要な役割を果たしていることを示す明らかな証拠となる．

彗星の微生物は，超低温（50 K未満）の環境下では，凍結して休眠状態にあると思われる．しかし地表下が融解することがあれば，物質代謝が散発的に再開すると思われる．このような融解は，彗星が近日点を通過し，太陽に接近するときや，小天体の衝突によって運動エネルギーが移動し，それが熱に変換されることによって，発生する可能性がある．ヘール・ボップ彗星では，木星の軌道より外側の低温の宇宙空間においても，散発的な活動が見られた．この

2) 低密度，不活性，微多孔質シリカ系物質のこと．99.8%が空きスペース．塵粒子をなるべく傷つけることなく回収するため開発された．大型のテニスラケットサイズを96のブロックに分け，それぞれにエアロゲルをつめたものが回収装置．

3) 生物学的重合体が長期にわたって風化し，石炭化した（P62参照）．

証拠は，細菌活動の再開を示すものだといえる（Wickramasinghe, Hoyle and Lloyd, 1996）．われわれが提唱したモデルでは，物質代謝によって，地表下に高い気圧が生じる．それによって，凍結した地殻が割れて，そこから気体や塵が放出されるということになる．

2011年，テンペル第1彗星に接近した宇宙探査機「スターダスト」[4)]（2004年にはヴィルト第2彗星とランデブーしている）によって，彗星から水が噴出している証拠が直接撮影された．搭載されたカメラが，表面の亀裂からの噴出をとらえている．ここに示されているプロセスは，食品缶詰が，なかの細菌の活動によって「食べ物が腐った」状態になったために「破裂」したり，ふくらんだりする状態を想像すれば，容易に理解できる．圧力が10気圧に到達すれば，このような現象はすぐに起こる．これは彗星内部の圧力に近い値である．もっと劇的なたとえは，発酵が進みすぎたワインのびんが破裂する場合である．ワインのびんは割れてしまえば，もちろんそれきりである．これに対して，彗星の表層は再び凍結して，最初の引張強度を回復する．こうした現象が何回も繰り返されるのである．状況はさまざまであっても，プロセスは似通っている．彗星の塵微粒子は，星間塵と同様に，細菌と同一であり区別することができない．その細菌のごく一部は，凍結して休眠状態にあると，われわれは結論している．

微生物の存在を示すチュリュモフ・ゲラシメンコ彗星

ESA（欧州宇宙機関）による，宇宙探査機「ロゼッタ」のチュリュモフ・ゲラシメンコ彗星へのミッションは，おそらく最も野心的な彗星へのミッションであった．宇宙探査機「ロゼッタ」が彗星とランデブーしたのは，2014年8月7日のことである．チュリュモフ・ゲラシメンコ彗星は，長さ4 kmの，ダンベルの形をした暗い色の物体で，自転周期が12.7時間であることが明らかになった（図5.10）．2014年6月初め，彗星の平均表面温度は130 Kであったと思われる．このとき，毎秒約300 mlの蒸気が噴出していることが報告された．これは，内部領域が，非常に高温になっていることを示すものである．この状

[4)] スターダスト計画としてのミッションを終えた探査機が，次のミッションを付与され，テンペル第1彗星を目指した計画で，NExT（New Exploration of Tempel 1）と呼ばれる．

図 5.10　2014 年 8 月 7 日に宇宙探査機「ロゼッタ」のカメラが撮影した，チュリュモフ・ゲラシメンコ彗星の表面の画像（ESA 提供）.

況は，テンペル第 1 彗星の状況と似ており，好熱性の微生物の存在を示す可能性が高い.

チュリュモフ・ゲラシメンコ彗星に向かった「ロゼッタ」と，2014 年 11 月に投下された着陸機「フィラエ」によるミッションでは，生命を検出するための実験機器が搭載されていなかったものの，生命の存在を示す極めて多くの間接的な証拠がもたらされた（Capaccione *et al.*, 2015）．凍った表面の裂け目や孔から噴出する水流や有機物は，地下の液体水たまりにおける生物活動とみなされる．図 5.11 の上の図は，凍った表面の裂け目を示している．下の図では，太陽に面した側からの激しい噴出が見られる（Wallis&Wickramasinghe, 2015).

噴出の中の O_2（酸素分子），水および有機物もまた，生物活動が続いていることの証しである（Bieler *et al.*, 2015）．有機物は，酸化によって簡単に破壊されるため，このようなガスの混合が存在していることは，まさに生物活動が活発に行われていることを示している．もう一つ，表面近くに存在する光合成微生物がわずかな光線をもとに O_2 と有機物を生成している可能性がある.

発酵に関わる多くの微生物は，糖からエタノールを生成する．したがって，最近発見された，ラブジョイ彗星が毎秒 500 本以上のワイン（酒）を放出していることは，このような微生物の活動を示している可能性がある（Biver *et al*., 2015）.

最後に，チュリュモフ・ゲラシメンコ彗星のコマにリン酸が豊富に存在するという報告（Altwegg, *et al*., 2016）を考える．その中で発見された高比率の P/C ≈ 10^{-2} を，比率が P/C ≈ 10^{-3} である，濃縮された太陽系構成物（solar composition）の揮発物質であると説明することは困難である．しかしながら，「ロゼッタ」によって発見されたデータと生物由来物質との P/C 比率は近似している．したがって，このコマ中の物質は，生物由来と考えるほうが妥当である．

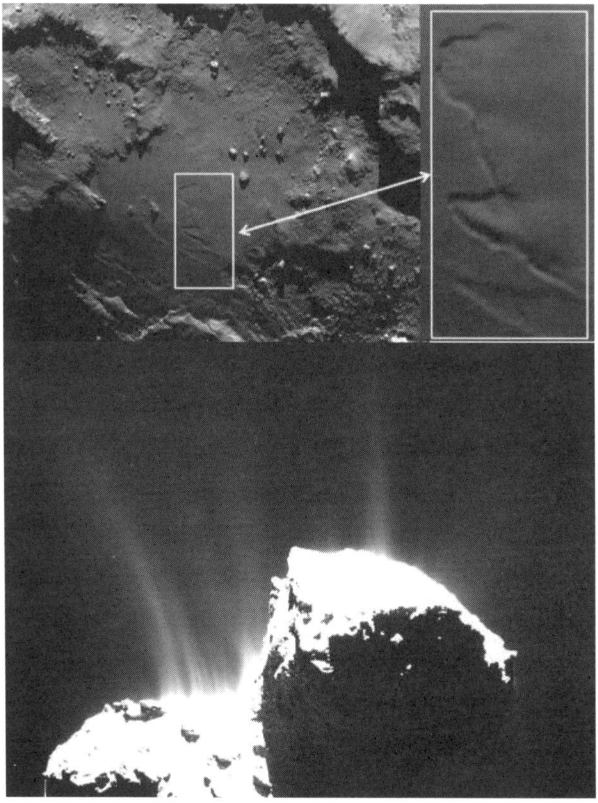

図 5.11　チュリュモフ･ゲラシメンコ彗星の表面に見られる亀裂（上）と，噴出するジェットの様子（下）.

第 6 章

ヒトゲノムに潜む宇宙ウイルス

Cosmic Viruses in Our Genes

突然の進化と緩慢な進化

地球上の生命の進化の推移には，長期にわたる非常に緩やかな変化と，短期の突如として起こる急激な変化がある．短期の突然の変化は，新たな遺伝子群の挿入による，新種の発生という巨大なイノベーションの波や，生物種の絶滅をもたらした．長期にわたる緩慢な変化，あるいは停滞は，「閉じられた箱」におけるダーウィン的な進化と考えれば，容易に理解できる．一方の突然の変化は，宇宙から飛来するウイルスや細菌がもたらす，新しい遺伝子の導入と考えれば理解しやすい．地球上で，長い時をかけ着実に歩み，生命の複雑性の発展と多様性をもたらした進化を説明する際，緩慢な変化だけでなく突然の変化という過程に関する検討は重要である．この過程に最も重要な役割を果たしたのは，ウイルスとその遺伝子であろう．よく知られていることだが，ウイルスは，RNA や DNA を伝播する役割をもっている．それは，細胞と細胞の間のみならず地球そして宇宙間においても同様である．

われわれはウイルスか

ごく最近の発見として，われわれの DNA には，通常活動していない不可解な領域が 90％もあることが見出された．換言すると，この 9 割の領域はタンパク質の形成に関わることなく，細胞から細胞そして世代から世代へとへと単に複製されているだけである．まれに起こる疾病において，ウイルス粒子が，この役割のないと思われている領域から出現することが分かっている．かくしてこのことは，われわれのDNA全体がウイルス由来である可能性を示唆している．この章のなかで，生命の設計図であるDNAは，広い宇宙から飛来した遺伝子の断片が結集したものであることを検討する．それによって，ダーウィンの進化論は，この惑星に限られたものではない，と考えなくてはならないことが示唆される．

典型的なウイルスは，針の先の1万分の1の大きさである．多くのウイルスは，2重のタンパク質層に覆われたRNA，あるいはDNAの核酸をもった構造をしている．ウイルスの外形は，幾何学的な形をしている．その典型は20面体である．スパイクと呼ばれる，外殻の延長のタンパク質の突起がその角から出ていて，それがウイルスを受け入れる細胞を選択する役割を果たしている．まるで，何かの取り決めがあるかのごとく，親しい細胞とウイルスとの関係が成立している．

ウイルスは，細胞の表面の特定の場所に吸着する．すると，速やかに細胞の外膜に取り込まれ，その内部に引き込まれる．次に，その細胞はウイルスのタンパク外殻を剥ぎ取る．その後は，細胞はウイルスの指示に従うことになる．その指示とは，基本的に，「全ての作業を中断して私（ウイルス）の複製を作れ」というものである．細胞は，この指示に即座に対応する．そして自己複製後，最終的にウイルスは，細胞の壁を酵素で溶かし，そこから飛び出し，次の標的細胞を目指す．その結果として当該細胞は破壊されるのである．

ウイルスは，標的とする細胞を，かなりこだわって選ぶ傾向があるように思える．例えばインフルエンザの場合は，標的とする種は限られ，さらにその種の細胞のサブセットまでも選ぶ．この例を引き合いにして，一般的には，ウイルスが地球系外からやってきたことは否定されている．つまり，地球以外の宇宙からやって来たウイルスが，未だに遭遇したことがない地球上の細胞をどうやって選択して，そのなかで増殖ができるのか，という問いが生じるからである．この答えは至極簡単である．地球に侵入するウイルスにとって，地球上でどのような細胞に出会うかは未知である．しかし逆に，細胞はウイルスを知っている．なぜなら細胞のなかに，似通ったウイルスがすでに潜んでいるからである．これは，何十億年という長い期間にわたる進化の歴史における，ウイルスとの交流の結果による．かくして，今，侵入して来るインフルエンザウイルスは，何百年も前に侵入したウイルスのご先祖様に感染した経験のある細胞を，探し当てればいいだけのことになる．

細胞がウイルスを選択

高度な生命機能をもつ細胞に対するウイルスの選択的な行動を，自然発生説に基づいて説明することは困難である．細胞にとって，感染するウイルスを受け入れる利点がなければ，進化の過程で，そのウイルスに対する完全な防御あるいは免疫が出来上がっていたはずである．むしろ，ウイルスと細胞間の相互作用は，何度も起きていた．したがって，その間のどの時点でも，防御の仕組みを作ることが可能であったのであろう．ウイルスによって細胞の遺伝的なプログラムが上書きされないようにする論理が存在するに違いない．細胞が有する，膨大な情報によって，侵入するウイルスの些細な情報などは，つぶすことが可能なはずである．もし，ウイルスが何らかの有利な役割をもっていないのであれば，われわれのような高度に進化した生物が，長い進化の過程で，ウイルスに対する防御の仕組みをなぜ作らなかったのであろう．それが起きていないということは，ウイルスのゲノムへの侵入は，進化の重要な役割を担っているという根拠になる．つまり，ウイルスによる遺伝子の挿入は大いに励行されることであって，防御するものではないということである．

ウイルスの，特定の宿主細胞に対する特異性を考慮すると，この視点は納得できる．ヒト特異的ウイルスの培養は，日常的に行われている．しかしそこではヒトの細胞は使われていない．鶏の発育胎児細胞のような，ヒト細胞からかなり離れた細胞が使われたりする．奇妙な点は，複製は個別の細胞に対し，特異性が示されるのではない，ということである．攻撃の特異性は，動物個体に対するものである．この差[1]は，一体何であろうか．その答えは，動物個体の免疫組織にあるに違いない．ウイルスの特異性は，ほとんどの場合，免疫組織に対するものであって細胞ではない．ウイルス疾病に関し通常理解されていることの逆のことが示唆される．ウイルスが細胞を出し抜いているのではない．ウイルスは非常に限られた遺伝子情報源しかもっていない，したがって，細胞がウイルスを「招き」入れているのである．つまり免疫組織が，その種のゲノ

[1] 細胞でなく動物種に対する特異性．

ムの進化に有利となる, 新たな侵入者を常に選択していると考えるべきである. 役に立たないものは排除される. それぞれの種がそのときの必要性に応じて可能性を秘めたものを選択し, 細胞とウイルスとの相互作用が励行される. ウイルスが細胞にとって有益性をもたらす可能性があると判断される場合にのみ, そのウイルスの細胞への攻撃が許される. この考えは, 一般の理解とは異なる. ウイルスは害をもたらすと思われていることにより, 悪人に仕立てられているからである. しかしながら, 個人の苦しみは, 生物の進化とは無関係である. 重要なことは, 何百万の失敗でなく, ときたま起きる成功である.

ウイルスによる遺伝子の追加・変更

前述のとおり, 40 億年くらい前に地球に飛来した, 生命を擁した彗星によって, 地球に最初の細胞がもたらされた. その後, 生命の原始的なものの到来が途絶えることはなかったと思われる. 今日に至るまで, 彗星との遭遇によって, 細菌, 細胞, 細胞破片, ウイルス, ウイロイド[2)]などが侵入していると考えられる. 地球上の継続的な進化は, この安定した遺伝材料の到着によって支えられている.

地球に彗星が飛来するたび, 極めて広範囲な遺伝源をもったウイルス粒子(それは多分細胞由来) は, すでに地球に存在している生命体に対し, 影響を及ぼす. 細胞に対して遺伝情報を加える場合もあれば, 「感染して発病」する場合のように, 変更が加えられることもある.

原始細菌の遺伝材料を, いかにかき混ぜてみても, 花が創造されたりヒトが出現したりすることはない. 一方で, 進化は確実に起きていて, 議論の余地はない. しかし, 現在誰しもが理解している進化は, 地球外部, つまり広い宇宙から発動された, と解釈しないかぎり考えられない. あらゆる可能性を有し, 変更を誘導する遺伝子が存在するのは, 宇宙である. これらは 100 億年以上, 移動する遺伝ユニットの形で宇宙空間をさまよい, 交換されてきた.

植物や動物の進化, および多様性の突然の発生と同じように, 化石記録に残っている絶滅という事象には, 彗星の新たな飛来による, 遺伝子の散発的な挿入が疑われる. 彗星がもたらす遺伝子は, 既存の生物に対して遺伝子を注入して,

---

[2)] RNA 植物ウイルス

新たな系統を生み出すことができる．同時に，流行病による短期間の散発的な絶滅もあるであろう．

恐竜の絶滅と哺乳類の出現

この劇的な例が，6,500万年前の恐竜の絶滅である．1億年という長い期間生存した恐竜は，地質学的には極めて短期間に消滅した．この原因は彗星による絶滅と考えられている．それは恐竜の化石が途絶えた堆積物から，イリジウム元素が発見されたことによる．この絶滅には，一部，彗星の塵による太陽光線の遮断という，純粋に物理的な現象も関わっているようである．地球上の生命が，この6,500万年前（いわゆるK-T境界）の数千年前後して，大きく変わったという証拠がある．宇宙からの突出したウイルスによる，感染の事象が関与したのかもしれない．

同時に現れた，今ひとつの重要と思われる事象は，哺乳類の爆発的な出現である．ここからやがて人類が誕生した．それ以前にも哺乳類の痕跡はあるが，6,500万年前が主な哺乳類目の出現とされている．いくつかの目の出現と，消滅という巨大な事象は，6,500万年前に，彗星によるウイルスの飛来という重大な遺伝的な嵐があったことを示している．

宇宙からの遺伝子挿入は継続的に行われている

過去の化石記録を時系列的に俯瞰すると，この種の事象は，特にユニークではないことがわかる．化石記録は，いくつかの地質学的な突出時点を除くと，ほぼ静的であり変化が見られない．恐竜の絶滅が示すとおり，生じた変化は大規模で，地球上の進化で予測されるような，個別の属とかに関連する狭い範囲でなく，門そして目というように，広範囲に同時に及んでいる．生物進化学者は，「断続平衡（punctuated equilibrium）」による進化と説明している．もっとも，「断続」の原因に関する説明は提供されていない．一般的な地球上の進化説では，この事象は説明に窮することになる．

ホイルと筆者は，『*Evolution from Space*』（餌取章男訳『生命は宇宙から来た』カッパサイエンス，光文社，1983年）のなかで，複写の連続によってコピーミスの累積が生じるが，そのような間違いは，雌雄生殖によらない複製においては，その安全弁が欠けているため，結果的に確実に情報の劣化を起こす可能性があることを示した．500 個ほどの遺伝子からなる単細胞生物から，2 万 5,000 個の遺伝子をもつヒトを，外部からの遺伝子を挿入することなしに，連続的な複製だけに頼って作成できる，ということを証明するのは容易なことでない．突然変異，遺伝子重複，そして自然選択は，進化の全体に対して，微調節程度のごく僅かな効果しか及ぼすことができない．生命への，新たな情報の付加は絶対的に必要なことで，地質学的な全期間を通じて，継続して行われなくてはならない．

自由に宇宙空間を移動する遺伝子

先に述べたとおり，もし彗星が約 40 億年前に生命を地球にもたらしたのであれば，地質学的な全期間を通じて，彗星から原始微生物および新遺伝子（ウイルス）の供給が継続しておこり，進化の過程に影響を及ぼしたに違いない．このような考察は，地球のような惑星で発達した，地域的な進化の産物である遺伝子が，銀河スケールで拡散し普及したというモデルにも当てはまる．この点について，ローカルに発達した DNA 鎖が，例えそれが一部壊れようとも，宇宙の遠く広い彼方まで，生命の情報を運んでいくことができる可能性があるという指摘に注目する必要がある（Wickramasinghe, 2010）．太陽系は銀河系のなかを周回しているので，他の恒星と遭遇するたびにオールトの雲は重力的に摂動をうけ，彗星の衝突と遺伝子の拡散は繰り返し起こる．

このような意味では，地球と太陽系は何も特殊な存在ではない．であるならば，銀河系の生命を宿す他の惑星においても，同様の遺伝子が広がっているに違いない．時折起こる分子雲との遭遇による遺伝子の獲得は，当然のことながら生物の進化にも反映される．その一例として地球生命の記録は，先述のとおり突然の跳躍を示している．

太陽系外で事前プログラム化した可能性のある遺伝子の飛来

このように考えていくと，その必然的な結果として，考察される生物の諸々の様相は，まるでそれが事前にプログラムされていたかのように見える．これが地球上で現実となるのは，悠久の時を経て，多くの惑星で進化してきた遺伝子が，突然地球に舞い降り，それが発現されるときである．この代表的な例として，視覚の発生が挙げられる．われわれの直接の血統的先祖であるヒト科（hominid）の進化のうちにみられる，高度に複雑化した曖昧な定義しかできない遺伝子の発現のなかに，事前プログラム，あるいは前進化の証が内包されている．日本の生物学者の大野乾（すすむ）は，かくして以下のごとく記した（1970）．

> われわれの先祖である洞穴住人の遺伝子のなかに，現代人の無限の複雑性を内包するような音楽を作曲したり，深淵な意味のある小説を書いたりする能力がすでに存在していたのだろうか．そうであると肯定したくなる衝動にかられる．……初期のホモ属は，その環境に対応し生存に必要となる知的能力をはるかに超える遺伝子を，すでにもっていた…….

遺伝子の水平伝播

流行病や疾病の原因となった，地球外のウイルスと細菌が，その生存者の遺伝系統に組み込まれ，生物学的進化の主役となったことは明らかである（Hoyle and Wickramasinghe, 1979, 1980）．この考え方の発表当時は，彗星や隕石などを持ち出すことは，原始的な迷信に戻ることであると批判された．しかし今世紀に入って，分子生物学の目覚ましい進歩によって，われわれの主張に有利な証拠が提出されることになった．特に重要な発見は，遺伝子の水平伝播（HGT：horizontal gene transfer）が，多様な生物の門の間で行われていることである．これが銀河系内，あるいは銀河間の規模で行われる可能性については大いにありうる．

生命の宇宙理論は，どこかはるか彼方で生じた進化の産物が，時折，地球で進化している生命に伝播されることを前提とする（Hoyle and Wickramasinghe, 1982）．このようにして，新しい情報をもった地球外の遺伝的物質が地球に舞い降りるたびに，進化の利点，あるいは新規性は，地球上の生き物によって偶然獲得される．これが，遺伝子の水平伝播である．通常の交配による遺伝子の伝播を超えた，宇宙規模で起きる遺伝情報の伝播である．

今日では，地球上の遺伝子の水平伝播（HGT）は，十分検証されている（Keeling and Palmer, 2008; Boto, 2010）．一時異論とされたが，生物にとって遺伝子の水平伝播は新遺伝子，および新機能の導入によるさらなる進化を進める上で，必要不可欠な源泉である，という説を支持する不動の証拠がある．さらに，系統発生の関係構築を通じて，系統樹のLUCA[3]（全生物共通祖先）を探索する上で，大きな障害となっているのが，この遺伝子の水平伝播であることが認識された（Jain *et al.*, 2003）．次第に，そのような生命は地球上に存在せず，その代わりに，宇宙起源と同じくらい古い遺伝子の集合が宇宙に存在したことが，明らかになってきた（Joseph and Wickramasinghe, 2011; Gibson *et al.*, 2011）．

遺伝子の水平伝播による断続平衡

入手可能なデータに基づくと，新種の出現を含む進化の突然の出現は，突然変異や自然淘汰を前提とする新ダーウィン進化説ではなく，遺伝子の水平伝播によることが推定される．地球上における，新ダーウィン進化を否定するものではないが，長期の事象としては星間に起きる遺伝子の水平伝播のほうが圧倒的優位である．すでに述べたとおり，進化の長期の停滞が急激な革新と進歩によって断続的に打ち破られる，という前提に立つ，断続平衡事象は，遺伝子の伝播は宇宙規模で起きるという考えと合致する．このことは逆に，宇宙からの遺伝子の進入がないときの，長期にわたる地球上の進化の停滞は，新ダーウィン進化が唱える過程といえる．

ある生物からある生物に，首尾よく遺伝情報を伝播する「宿主の遺伝系統への新たな情報伝播」には，ベクターが必要である．このことは，地球上であっても銀河上であっても同じである．ベクターとは，プラスミド（遺伝因子），ウイルス，あるいは細菌などである．この場合，宿主細胞とベクターの間には，何らかの共生関係が成立していなくてはならない．真核生物は，ともに内在原核生物共生体である，ミトコンドリアと葉緑体を細胞内に擁することによって，遠い過去に，遺伝子の水平伝播が起きたことを示す証となっている．ウイルスによって，同じような共生が霊長類のなかで繰り返され，それがホモ・サピエンスの出現に至ったのかもしれない．

---

[3] P26参照.

ヒトゲノムの完全解読と内在化した遺伝子

ヒトゲノムの解読は，まぎれなく新千年期最大の成果の一つである．それによって，多種多様な発見が相次ぎ，ウイルス，疾病，そして進化に対する見解が大きく変わった（Venter *et al.*,2001）．そのなかでの驚くべき発見は，われわれのヒトゲノムDNAのなかの遺伝子数（タンパクを作るコード）が，それまでの10万個以上という予測に反し，僅か2万～2万5,000個に過ぎないというものだ．さらなる驚きは，われわれのDNAの多くは，内在型のレトロウイルス（DNAにRNAを書き込むRNAウイルス）という，ウイルスに由来する配列であるという発見である．この重大性については，疾病の発症，あるいは進化への寄与など，ようやく理解が進んだところである．これは，驚くほど『*Evolution from Space*』における理論（Hoyle and Wickramasinghe,1980）の予測と整合している．

ゲノム配列の研究によって，提出された新たな証拠によると，ヒトだけでなく，ほぼ全ての哺乳類に，いわゆるレトロウイルス感染（エイズはその一例）が，頻繁に起きていたことが指摘される．デ・グロートら（De Groot *et al.*, 2002）は，チンパンジーのゲノムのなかに，MHCクラス1遺伝子として知られている遺伝子のレパートリーが存在し，それによって，チンパンジーはSIVウイルスに対して耐性を示すことを発見した．推定されることは，現存するチンパンジーは，遠い過去に，このウイルスによって壊滅的に淘汰されたチンパンジーの生き残りであるということである．HIVは，宇宙からやってきた侵入者であるという，ホイルと筆者の推測は，それを提唱したときは散々揶揄されたものだが，最近の発見に照らすと，妥当な仮説といえる．

宿主のDNAに組み込まれ，内在化したレトロウイルスの遺伝配列は，無作為の変異と宿主の免疫の確立を経て，数世代後には疾病の制御を果たす．人工的な医薬の手が加わらない場合，長期的に，ヒトHIVは同じ経路をたどるであろう．このような流行病の生存者は，この病気を経て，レトロウイルスのDNA配列を内在化することになる．結果的に，このウイルスの配列進化に貢献する可能性があるかもしれない（Hoyle and Wickramasinghe, 1980, 1981）．

ウイルスの内在化は，レトロウイルスの特権ではない．齧歯動物を含むいくつかの哺乳類種に，約4,000万年前，非レトロウイルスRNA転写が起きた可能性がある（Horie *et al.*, 2010）.

細菌感染も，ゲノムに足跡を残すことができる．ワンら（Wang *et al.*）によれば，細菌由来の SIGLEC という免疫制御遺伝子が，ヒトゲノムに発見されている．これは，他の霊長類にはない．このことから推定されるのは，人類は10 万年前に，この死に至る細菌が活発化したとき，その感染によって壊滅的な淘汰を経験したということだ．

要約すると，地球上に限られた遺伝子伝播の証拠は，銀河系規模の伝播にも適用できる．ウイルスの形態をした地球外遺伝子の伝播は，太陽系システム（地球も）が，彗星や惑星システムが放出する，遺伝子材料（ウイルスや細菌）と遭遇するときにいつでも起きる．実際に，必要のない能力が，事前にヒトに与えられていること（例えば，ヒトの知的能力）も含めて，全て事前計画されたような生物進化の過程は，このことを考えると容易に理解される．カール・ウーズの系統樹は，地球の宇宙由来の進化構図を描く上では，その一部を提供しているだけであるといえる．

第 7 章

流行病の足跡

Evidence from Epidemics

再評価に値する古代人の知恵

大昔の人類の祖先は，彗星によって，病気や伝染病がまき散らされていると信じていた．彗星と伝染病との関連性は，地理的，文化的境界を越えている．現代人は，無知から生じた原始的な迷信のような，古い考え方を軽んじる傾向がある．しかし，これは本当に迷信だろうか？　われわれの祖先は，もっと客観的で，実際的に，世界をとらえていたのではなかろうか．われわれのように，独断的な考えに固執したり，社会的な制約に妨げられたりすることはなかったのではないか．少なくとも，研究機関がふりかざす権限によって，信用できるものとそうでないものとの判別が，束縛されることはなかった．したがって，ある自然現象 A と，別の自然現象 B とに関連性がある，という古くからの主張は，いずれにしても，さらなる探求をする価値のある作業仮説として，信頼できるものと判断すべきだろう．現象 A と現象 B との相関関係が，何世代にもわたって検証され，それが口承によって受け継がれてきたということは，その正当性の証のようなものである．一般的に，伝統は古いものであればあるほど，事実に基づいたものである可能性が高くなり，敬意を払うのに値する．

彗星と伝染病との関係は，より広範な彗星と生命との問題と切り離しては，十分に理解することはできない．先の章で，生命は地球で発生したのではないと論じた．そして，ここで浮かんでくるのは，星間空間の大部分は，凍結して休眠状態にある，生きた細胞によって満たされているという発想である．

彗星によって運ばれてきた生命が地球を取り囲んでいる

太陽系において，生命はまず，彗星の内部に細菌細胞の形で保管されたという議論をした．1,000億個近くもの彗星がオールトの雲を形成しているが，その一つ一つの内部は，初めは温かい液体状態の水となっていた．そこは，微生物の繁殖に適した場所となる，あらゆる有機性栄養素も含まれていた．先の章で，地球に衝突した彗星が，海と大気を地球にもたらしたことを述べた．海と大気をもたらした彗星は，生命の種も同時に蒔いた．生命の種は，雲で覆われた空によって守られ，根付き，繁栄することができた．

地球に蒔かれた生命の種が最初に芽吹いたのは，約40億年前のことである．しかし，この考えに従うならば，彗星によって生命がもたらされるプロセスが，はるか昔の，地質年代で終わってしまったとは思われない．今日に至るまで続いていると考えるべきである．地球は今でも，彗星がまき散らす破片に覆われた状態にある．このことを図7.1に示す．これは，木星軌道の内側を周回する短周期彗星の軌道を投影したものだ．

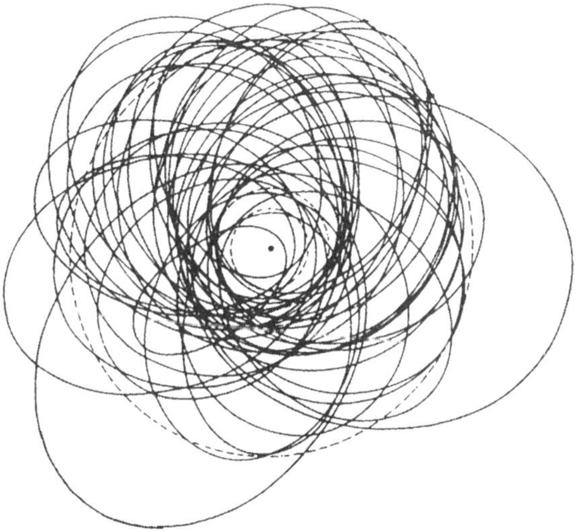

図7.1　黄道面に投影された短周期彗星の軌道．

平均で，約 100 t の彗星の破片が，毎日地球の大気に降り注いでいる．そして，そのなかには大量の有機物が含まれており，これは生物由来のものだと思われる．この破片のほとんどは，太陽光にさらされて殺菌されるか，地球の大気に突入する際に燃え尽きてしまう．しかし，放出されたばかりの，新しい塵のごく一部に，細菌やウイルスなどの微生物が含まれていて，それが地球の大気を通り抜けて，実際に生き延びて侵入することは否定できない．もしこの割合が，0.1％ほどの小さいものだとしても，毎日 0.1 t の生きた微生物が，地球に飛来していることになる．すると，1 年で到達する細菌の数は，10^{21} 個にもなるだろう．ウイルスの総数は年間で 10^{24} 個以上になり，地球の全人口を 10 の何乗分も上回る[1)]．

ウイルスとは

ウイルスは，生物学的にいうと，生物と非生物との間のグレーゾーンを占める存在である．ウイルスに必要な構成要素は，第 6 章で述べたとおり，タンパク質の膜であるカプシドと，そのなかに包まれた，機能を指定する DNA または RNA の，いずれかからなるゲノムである．一つのウイルスは，感染した宿主の細胞内でのみ複製される．そして，このような感染が，植物や動物が罹る，数多くの病気の原因となることが知られている．ウイルスによって引き起こされる人間の病気には，感冒，インフルエンザ，SARS，天然痘，ポリオ，HIV などがある．宇宙の生命に関するわれわれのモデルでは，真核細胞の遺伝子と，それに対応するウイルスは共存し，彗星によって運ばれている．

宿主細胞としての，ウイルスの挙動については，半世紀も前に出版されたクリストファー・アンドルーズ卿の著書『*The Common Cold*（感冒論）』（Andrewes, 1965）ほどよく書けた説明はない．

> ウイルスが細胞に感染したとき，何が起こるか．それは，おそらく次のようなことだ．まず，ウイルスのタンパク質部分が，細胞表面のどこかに特異的な接触をする．すると，細胞はウイルスを細胞内に取り込もうとする．ウイルス全体が取り込まれると，そのウイルスは細胞の内部で分裂す

1) 地球の全人口を 7×10^9 人として，$10^{11} \sim 10^{14}$ も上回る．

る．あるいは，バクテリオファージという，細菌に感染するウイルスの場合だと，ウイルスのタンパク質膜は細胞の外に残され，必須の核酸だけが内部に入り込む．いずれにしても，ウイルスのタンパク質部分は使い捨てられ，もう何の役割を果たすこともない．しかしながら，核酸部分は，細胞のメカニズムに対して，悪意のある方法で指示を出し始める．例えば，鼻の内側の細胞がライノウイルスに感染したと想像してみよう．それにより「鼻の細胞の生成に必要な成分を作るな．これからお前の化学実験室は，私と同じ核酸だけを作るのだ」という指示が出される．そして，侵入したウイルスの核酸から，さらに指示が出される．「今度は，これこれの成分のタンパク質を大量に作れ．これは私の周囲を覆うのに必要なのだ」．細胞は，指示に従うことしかできず，こうして新しいウイルス粒子が，細胞の化学的メカニズムによって組み立てられ，生産ラインの終点に至り，その後，細胞の外に出て行くのである．おそらく，ライノウイルスと同様にして，多くのウイルスによって，最終的には細胞はすっかり使い尽くされ，崩壊して死滅する．解放されたウイルスは，さらに多くの細胞を犠牲にして，その防御機構が働き出すまで続けられる．また，外の世界に飛び出して，さらなる犠牲者に感染することもある．風邪に罹って細胞が破壊された結果，炎症を起こし，鼻水やくしゃみによってウイルスはまき散らされる．あらゆることが，ウイルスに都合のよいように仕組まれているのだ…….

ウイルスによる遺伝子の水平伝播

前にも述べたとおり，ウイルスは，種の間で遺伝情報を交換できること（遺伝子の水平伝播）が知られている．現在ではこの特性が，医学への応用や，遺伝子組み換え作物の生産などの遺伝工学のために利用されている．またウイルスは，感染した生物のゲノムに遺伝情報を追加することもできる．このようにして，ヒトの細胞も含む真核生物が，普段は表現されていないが，ウイルスのDNAの痕跡を多くもつ．この点が，特に興味深い．第6章で論じているとおり，ウイルスのDNAは何も語らずとも，種の進化において重要な役割を果たしている，ということである．

ウイルスは，高等な生命体の真核細胞としか結びつかない[2)]．これと対応する，細菌のプラスミドは，やはり種の間で遺伝情報をやり取りできる．プラスミドを移動させることによって，例えば，病原体ではないさまざまな細菌を，病原体に変化させることができる．通常は良性である，大腸菌の病原株（大腸菌O157）は，時折，散発的に，奇妙な形で出現するが，地球外からやって来たと思われる形質転換プラスミドが犯人となって，このような方法で生成されたのかもしれない．

最近まで，地球上の細菌の種の総数は，せいぜい数千種だと考えられてきた．しかし現在では，細菌そのものではなく，核酸の配列を検出する最新の技術を使うことで，細菌の種類は，合計で10億を優に超えるだろうと推定されている．これらの細菌の大部分は，極限環境微生物と呼ばれるものと考えられている．これらの細菌は，極限環境や，現時点では確認されていないような環境に存在している．未だ培養されていないし，今後されることもないだろう．表土や水面に存在しているが，あたかも何もないような様子を呈している．おそらく，適切なチャンスの到来（つまり，ウイルスによって変化させられ何かをする細菌になること）を待っているのであろう．こうした細菌が，空から降ってきた可能性は，後の章で述べる気球実験によって支持されている．

宇宙から侵入するウイルスによる流行病

植物や動物に対し病原性を示す微生物であれば，宇宙からの微生物侵入のもっと直接的な検証になる．物理学者は，進入してくる宇宙線粒子による，非常に小さな流束を検出するために，増幅電子カウンターを使用している．それと同じ増幅の役割を，植物や動物が果たしてくれるかもしれない．

一般的に，宇宙から侵入する病原体（ウイルスや細菌）は，二つの侵入経路のどちらか一方を通ってくる．まず，病原体が植物や動物のグループに蓄積され，その後，水平伝播によって拡散するというもの[3]．もう一つは，安定した蓄積をしないものである[4]．前者の場合には，天然痘やHIVなどがあり，蓄積された病原体が宿主の限界を超えたときに，流行が始まる．一方，後者の場

[2] 最近，ウイルスに侵入するウイルスが発見されている．したがって，ウイルスはウイルス（というか複製するものがあれば何でも）と結びつくこともわかった．

[3] 2段階による攻撃

[4] 直接攻撃するもの

合，流行するときには必ず，どんな攻撃であっても，宇宙から直接に行われる．この章の後半で述べるが，この場合に該当するのがインフルエンザである可能性が高い．

歴史上の病歴を調べることで，このような宇宙からの侵略が行われていること，人間の病気発生のパターンが変化することに関し，十分な証拠が得られる．細菌やウイルスがもたらす数多くの病気は，地球に突然やって来ては消え去り，そしてまた訪れる．このパターンを繰り返している．それはまるで，周期的に地球上に種が蒔かれているかのようだ．ウイルスが原因となる天然痘を例にとると歴史や考古学の証拠から見て，約 700 ～ 800 年の周期で，継続的に地球に侵入していることがわかる．

人間は，天然痘ウイルスにとって唯一の宿主である．したがって，世界全体で，この病気が数百年もの間全く発症しないで，沈静化したりすることを理解するのは（天然痘ウイルスの継続にとって）非常に難しい．不可能といってもいいくらいである．伝統的な，地球中心型の観点からすると，ウイルスは地球上では絶滅し，その後，何百年も経って，われわれの知らない祖先のなかから，まったく同じ形態で再び出現する，ということになる．だが，それはむしろ，起こりそうにないことである．エジプトのミイラから発見された皮膚の病変は，古代ギリシア時代より 200 ～ 300 年も前に，エジプトで天然痘が大流行していたことを示すものといえる．一方，はっきりしていることは，キリスト教が始まった数百年後に，天然痘が存在した，ということである．また，入手できる当時の正確な医療記録を調べることによって，古代ギリシアやローマの時代には，天然痘が存在しなかったという確証が得られる．実際，あばたきずや，痘瘡を意味するラテン語は，7 世紀に出現した．このことからも，キリスト教の草創期には天然痘が存在しなかったことが裏付けられる．このことによって，この時代には世界のどこにも天然痘が存在していなかったことが示唆される．このように長い間，西欧社会から天然痘ほどの伝染性をもった病気が抑制されていたことは，想像し難いことである．

流行病の空白期間の不可解さ

数世紀にわたって，同じようなパターンで流行と根絶とを繰り返してきた，細菌による伝染病の一つに，腺ペストがある．ここでまず注目すべきは，元々腺ペストは，人間の病気ではなかったという点だ．病原体となるペスト菌は，最初の標的として，齧歯類を攻撃する．たまたまクマネズミ（齧歯類）は，人間のごく近く，家の壁をすみかにしている．そのために，人間とクマネズミを物理的に隔てるものはほとんどなく，加えてノミが橋渡し役になっていたことにより，感染したと考えられる．ノミが，ネズミから人間へと細菌を運んでいたのである（Hoyle and Wickramasinghe, 1979）．

ノミから人間，人間から再びノミへと細菌が移動したと思われるが，それだけでは，病原体が維持されるのには不十分であっただろう．そして，ネズミの供給が尽きるたびにこの病気も消滅することになった．天然痘と同様に腺ペストも，数世紀の間をおいて突如として大流行している．そんな長い中断期間に，ペスト菌がどこに潜んでいたのかを理解するのは，やはり困難である．いささか曖昧な記述ではあるが，旧約聖書のなかに，BC 1200 年頃，ペリシテ人が横痃[5]によって，局部が苦しめられたことが記されている．これはヘブライ人を虐げたことに対する，神からの報復であるとされている．腺ペストに関する，はっきりとした記述は，BC 5 世紀に書かれた，インドの医学書『チャラカ・サンヒーター』にみられる．そこには，「ネズミが屋根から落ちてきて，のたうち回った後に死んだとき」には，その家や建物を捨てよ，という忠告が記されている．

1 世紀には，シリアや北アフリカを中心にペストが大流行した可能性がある．その後 1 世紀から 6 世紀にかけては空白があり，ペストに関する記録は残っていない．だが 540 年，中東，北アフリカ，南ヨーロッパにかけて疫病が発生し，コンスタンチノープルだけで毎日 5,000 人以上の死者が出たのをはじめとして，1 億人が死んだ，といわれている．この伝染病は，当時の東ローマ皇帝ユスティニアヌス I 世にちなんで，「ユスティニアヌスの疫病」と呼ばれている．

腺ペストは，まる 800 年もの間，地球上から消滅した．そして，その後，1347 年から 1350 年にかけて黒死病として再び流行し，壊滅的な被害をもたらすのである．その後，17 世紀半ばまで小規模な流行が続いたものの，それから 200 年ほどは 1894 年の中国（清）で再流行し，インドで腺ペストによって

---

5) 鼠蹊部のリンパ腺の腫れのこと．

第一次世界大戦までに 1,300 万人が死亡した以外は，ほとんど根絶していた．

疫病は宇宙からやってきた？

このような，腺ペストの周期的な大流行を，風土性の微生物であるという点から説明できるというのなら，以下の説明も成り立つ．すなわち，この細菌が長い潜伏期間を経て，世界的に大流行する能力をもっているのは，宇宙で発生したプラスミド，あるいはウイルスが，無害な細菌を危険な病原体に変えることが原因であるという説明である．このような視点からでないと，入手可能な事実に基づいた説明は困難である．

有史以来，地理的に切り離された場所で疫病が流行した例は，数多くみられる．BC 430 年，古代ギリシアのアテナイで疫病が大流行した．アテナイの衰退を決定づけた，ペロポネソス戦争が始まったのは，大流行の 1 年前のことである．この戦争の年代記を，歴史家トゥキディデスが科学的な正確さをもって詳細に書き記している．トゥキディデスが，このときの疫病について細かく書き記していたので，現代の多くの医師が臨床症状から，この病気を特定しようと努力してきた．しかしそれは，非常に困難なことだとわかった．この病気を天然痘と結びつけようとした者もいたが，それならば，山火事のように最初は突如として広がるが，その収束までしばらくくすぶっていなければならない．20 世紀のある医事評論家が別の可能性をさまざまに検証した結果，次のように書き記している．

> 私は，この有名な疫病に関する，専門的の説明を数多く調査してきた．そして，その執筆者たちは，ほぼ例外なく，トゥキディデスの記述の正確度と精度とに敬意を示している．それにもかかわらず，そこから導き出した結論は，それぞれまったく異なっている．イギリス，フランス，ドイツなど，各国の医師たちは，症状を詳しく調べた後で，この病気は，発疹チフス，猩紅熱（しょうこうねつ），黄熱病，キャンプ熱，病院チフス，刑務所熱といった熱病か，悪性猩紅熱か，黒死病か，丹毒か，天然痘か，東洋のペストかであろうという結論を下した．また，現代では完全に根絶された病気の可能性もある……．

こうした混乱を見るかぎり，この疾病が，この記述の時点以前，あるいは以後に知られていたどんな病気とも似ていない，と結論するのが無難であろう．流行はアテナイ周辺に限られ，突如としてどこからともなく現れて，やはり不思議なことに，突如としてどこへともなく消えるのである．

より最近の医学上の難題は，長い間，ほかの人間から隔離されて暮らしていた，アメリカ先住民のトリオ族の問題である．20世紀初めに南米の森林が伐採されたとき，500人のトリオ族が人類学者たちによって発見された．そのなかにポリオの患者がいただけではなく，そこから数百マイルも離れた都会で流行していた伝染病にも，同時に感染していたこともわかった．スリナムの森林で生活する先住民が，都会の住人からポリオをうつされたとは，到底考えられない．だが，もし原因となるウイルス（またはその誘因）が，空から降ってきたとすれば，都会の住民もトリオ族も同じ病気に感染する可能性はある．

百日咳の周期性も宇宙由来の疾患だからか

現代の細菌性疾患のなかで，天から降ってきたと考える以外に説明することができないものは，百日咳である．百日咳は，およそ3.4～3.5年の周期で発生することが，以前から知られている．このことについては，感染しやすい人の，密度に関する理論によって説明されていた．つまり，百日咳にかかりやすい子どもが流行によって全員感染してしまうと，その後新生児が誕生して感染しやすい人の密度が再び流行が発生するレベルに達するまでに，3年半かかるというのである．そこで，この理論に関する周期性は，人口密度が非常に高い都心過密地区ほど期間が短くなる，という風に，人口密度の関数となるはずであった．ところが3.4～3.5年という周期は，都会でも農村でも，またどこの国でも，あらゆる場所で同じであることがわかった．もし，基準となる理論が正しかったとすれば，1950年代に，効果の高い百日咳のワクチンが導入されて，感染しやすい人の密度が突如減少したことで，3.4～3.5年という周期性に大きな影響が現れるか，百日咳が完全に根絶されてしまうか，そのいずれかのはずだった．それなのに，症例の合計は著しく減少したものの，この周期性は以前とまったく変わらなかった．

インフルエンザは宇宙由来か

宇宙からの流入が続いていることを示す証拠で最も説得力があるのは，おそらくインフルエンザであろう．19 世紀末，インフルエンザウイルスの性質が見つかる前に，イギリスの著名な医師，チャールズ・クレイトンは，インフルエンザの蔓延は人から人への感染によって説明することはできない，と主張した．数回の流行から得られたデータは，インフルエンザは非常に離れた場所でほとんど同時に発生しているが，限られた地域内での蔓延は，もっとゆったりと進行していることを示している．

おそらく近代の歴史で，最も悲惨なインフルエンザの大流行は，1918 年から 1919 年にかけて，3,000 万人を死に至らしめたものだろう[6)]．ルイス・ワインスタイン博士は，この大流行の間，インフルエンザの蔓延に関して入手可能なあらゆる情報を研究したのち，このように書き残している．

> 人と人との間での感染は局所的に発生するものだが，今回の病気は，世界各地の離れた場所で同じ日に出現した場合もあれば，比較的近距離であるのに蔓延するまでに数週間かかっている場合もある．ボストンとボンベイ（ムンバイ）では，同日に発見されているのに，ボストンとニューヨークとの間では頻繁に人々の行き来があるのにもかかわらず，ニューヨークで発見されるまで 3 週間もかかっている．イリノイ州のジョリエットという町で，初めてインフルエンザが確認されたのは，同じ州のシカゴで最初に確認されてから 4 週間も経ってからのことだった．ちなみに二つの町は 38 マイル（約 61 km）しか離れていないのである……．

これと同じ大流行のさなか，アラスカ（準）州のリッグズ知事は，アメリカ上院の委員会で，1919 年 1 月に，ヨーロッパと同じくらいの面積のなかに約 5 万人が住む地域に，この地域に行くには，これ以上ないほどの悪条件が揃っていたにもかかわらず，インフルエンザの感染があることを報告した．

> この地域に行くためには，犬ぞりチームを編成する必要がある．昼間の

[6)] いわゆる「スペイン風邪」.

> 時間は短く，厳しい寒さのなかではせいぜい一日20～30マイル（約32～48 km）の移動が限度である．この天候は，歴史上最悪である…….

この話から，インフルエンザは人と人との接触感染が主ではないことがはっきりとうかがえる．新しいウイルスに感染し，それを温存する鳥が糞と一緒にウイルスをまき散らし，そのために病気が蔓延したという説も，鳥の群れが，11月から12月の厳しい冬にアラスカまで飛んで行くことはありえないという理由から同意しかねる．しかしながら，冬季に吹くジェット気流が上層大気をかき回すことで，ウイルスを含んだ微粒子の雲を，アラスカほどの広さがある地域に下降させることは確かにありそうだ．しかしその一方で，飛行機での移動がなかった時代に，一日でボストンからボンベイ（ムンバイ）へとインフルエンザが広がることなどありえるだろうか.鳥がどんなに速く飛んだとしても，そんな移動は不可能だ．また，風が一日にこれだけの離れた場所を吹き抜けられるとも考え難い．しかし，ウイルスやウイルスの誘因となるものが，μm単位の粒子に埋め込まれた状態で，上層大気を通って降り注いだとすれば，異なるタイミングで異なる場所の地上に到達することになる．そして粒子が最初に到達する場所は，必ずある．そこから，新たに病気が発生することになる．宇宙を運ばれてきた病原体が同時に，ボストンとボンベイのように，遠く離れた2カ所に到達すると考えれば，このような発想が突拍子もないことであるとはいえなくなる．

同じような伝播をした1948年のインフルエンザ

それから30年後,振り出しに戻って,また同じ話が繰り返されることになる.1948年の世界的大流行は，まずイタリアのサルディニアで始まったと思われる．サルディニアのF・マルグラッシ教授はこの伝染病について，次のように記している．

> われわれは，長い間，人々が数多く住む中心地から，ぽつりと離れた土地に1人で暮らしている羊飼いに，インフルエンザが発症したのを確認した．こんなことが，近くの人口密集地とほぼ同時に起こったのである．

この話全体を通じて最も顕著な特徴の一つは，人間の移動技術はインフルエンザの蔓延に対して，まったく影響を及ぼしていないということだ．インフルエンザが，人と人との接触によって広まっていくのなら，空の旅ができるようになれば，世界中に病気が蔓延する方法も様変わりすると思える．しかしながら 1918 年のインフルエンザは，航空時代以前のことなのに現代の場合とまったく同じ早さと方法で蔓延していった．

イギリスの寄宿学校で発生したインフルエンザ

人から人へのインフルエンザの感染は，一般に兵舎や寄宿学校のような施設で，非常に高い罹患率が示されることが証しとなっている．1978 年の最初の数カ月間，フレッド・ホイルと筆者は，イングランドとウェールズの寄宿学校を対象に，「赤いインフルエンザ」と呼ばれた，H1N1 型ウイルスの感染に関する調査を行った．このウイルスは，20 年間も人の個体群から発見されていなかったが，突如として猛威を振るったのである．18 歳未満の子どもは，生まれてから一度も，この新種のウイルスにさらされたことがないので，同じようにインフルエンザに感染しやすかった．この状況は，ウイルスやその生化学的誘因が，空から降ってきたという仮説を検証する絶好の機会であった．その後，現在に至るまで，1978 年のような状況は繰り返されていない．われわれが生徒たちから集めたサンプルは，合計 2 万人以上で，そのうちインフルエンザにかかった生徒は，約 8,800 人だった．罹患率の分布は平均 44％だが，幅広い相違があることを示していた．極めて多くの学校が低い罹患率を示し，それが標準的であった．平均の罹患率が 80％以上と，極めて高い学校は 100 校以上のうち僅かに 3 校だった．

もし 8,800 の症例の原因となったウイルスが，生徒の間で感染するのであれば，その挙動にはもっと統一性があるものと思われる．われわれは，国内全体で非常に多様な罹患率が示されたことから，特定の学校（または校内の寮）における罹患率は，その場所が，ウイルスやその誘因の一般的な降下パターンと関連しているのではないかと考えた．この降下パターンの詳細は，その場所の気象学的要因で決まってくる．降下は，10 km の範囲で不均一であることをはっきり示しており，であれば学校ごとで，まちまちの結果となるのが自然であった．

調査対象となった学校のなかでも，イートン・カレッジの結果は，人から人への感染，という説を検証するのに最適なものだった．1,248 人が，多くのハウスから通学しているが，罹患していたのは全校で 441 人だった．ハウスごとの症例の実際の分布を図 7.2 に示す．

カレッジハウスには 70 人が生活しているが，症例は僅かに 1 例だった．これに対して，人から人への感染モデルにおける，ランダム分布による仮定での期待値は 25 である．ここでもまた不均一性がみられるが，今度は規模を何百 m にしてみる．このときの罹患率の全体的な分布は，人から人への感染を元にした場合，10^{16} 回に 1 回の試行になると思われる．あらゆる事実から客観的にみると，インフルエンザは，人から人へ「うつる」のではない．ただ，現代の科学文化によって，そのように思い込まされているだけであることがはっきりした．

フレッド･ホイルは 1981 年に行った公開講演のなかで，今回の状況に関して，次のように語っている．

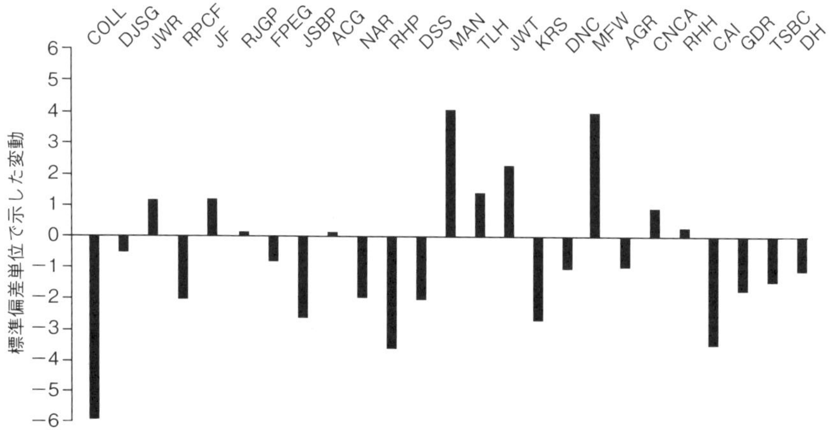

図 7.2　標準偏差単位で示した，イートン・カレッジのハウスごとに予想される平均罹患者数からの変動．

この（人から人への感染という）見解は，病院や，学校や，兵舎のような施設で生活している人々の，罹患率の高さによって疫学的に証明されると，もっぱら考えられています．このような“であるはず”という論理は，私に言わせると，サッカーの試合を観戦していた観客が突然の雨でずぶ濡れになったときに，雨が降ったという事実を無視して，観客同士が頭から水をかけ合ったと説明するくらい，曖昧なものです．

インフルエンザウイルスは彗星によってもたらされる

インフルエンザの流行は一般的に，特定の季節に，お互いに切り離された世界各地で起こる．宇宙からの侵入という仮説は，そうでなければ説明がつかない現象を解き明してくれる．平年，北半球の温帯地方でのインフルエンザの流行は，12 月から 2 月までの冬の期間にピークに達する．それに対して，オーストラリアなどの南半球では，6 月から 8 月までの期間と，6 カ月もずれが生じている．一方，スリランカなどの熱帯地方だと，インフルエンザは一年中いつでも流行していて，特に目立つ季節というものはない．このことを 3 カ国について統計的に示したのが図 7.3 である．

新型インフルエンザが発生すると，この病気が，例えば，オーストラリアとヨーロッパとの間を飛行機で移動する乗客が大勢いるのにもかかわらず，なぜ北半球と南半球の，それぞれの冬季のピークの境界内に限定されているのであろうか．このことを理解しようとしたら，従来の一般の理論では，まったく説明がつかない．もし，新種のウイルスが最初に東洋で発生したとすれば，真っ先に，そのウイルスに感染した乗客がヨーロッパまで飛行機でやってくると考えなくてはならなくなる．

この章で述べてきた見解に従えば，インフルエンザの原因物質は，地球の大気の最も高いところで，彗星によって定期的に再補給される．ウイルスと同じ大きさの粒子や，それよりも小さな粒子は，低層の大気まで引き下ろされることがないかぎり，長期間にわたって，この高さをただよい続ける．高緯度にある国では，上層と下層とで大気が混ぜ合わされるような，状況が一変するようなプロセスは，季節的なもので，冬の数カ月間発生する．そのためヨーロッパの国々でインフルエンザのシーズンといえば，前にも触れたとおり，12 月か

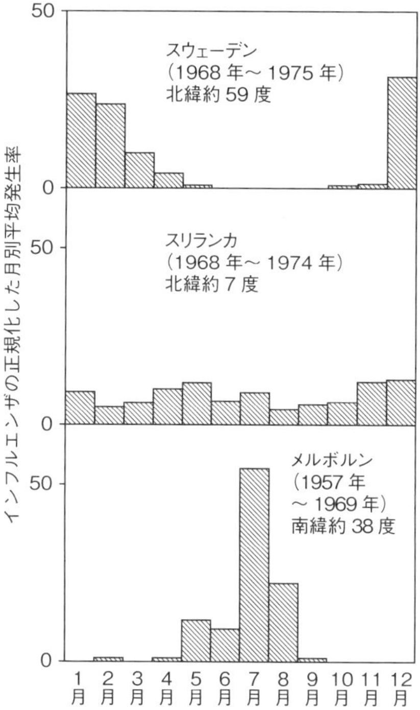

図 7.3　3 カ所の地理的位置における数年間にわたってのインフルエンザの平均発生率.

ら 3 月までの期間が普通である．強風と，雪と，雨とを伴う前線の状況によって，病原性ウイルスは地上近くまで効果的に降下する．低層の大気にみられる複雑なパターンの乱気流は，最終的に地上における攻撃をつぶさに制御し，あるとき，ある場所で人が死に，別なときの別の場所では人が死なないのかを決定する．

下降気流によってインフルエンザが落下し流行する

成層圏における，一般的な冬季の下降気流は，緯度 40 ～ 60 度までの範囲で特に強く発生している．このことは，20 世紀半ばに行った，一連の大気圏内核実験の最後にまとめた結果により，直接証明されている．放射性トレーサーロジウム 102（^{102}Rh）を，高度 100 km の大気中に投入し，その後毎年，航空機と気球によって放射性トレーサーの状態を観測するのである．その結果，放射性トレーサーは，約 10 年かかって特定の季節に発生する下降気流の連続によって除去されてしまうことが明らかになった．この下降気流は，特に温帯地方では，1 月から 3 月までの期間に主に発生することがわかっている．これらの観測結果は，インフルエンザなど，ほとんどの上気道感染症の原因となるウイルスの冬の流行と，よく一致している．

太陽の黒点活動とインフルエンザの流行

エドガー・ホープ＝シンプソンは，1920 年から 1970 年までの，限られた期間内で収集したデータを基に，黒点活動のピークと，新しい亜型ウイルスも含む，インフルエンザの流行時期との関係について，初めて以下のことを提唱した．黒点の数は，太陽の表面で高エネルギー活動が発生していることを示す．その数のピークは，頻出する太陽フレアと，地球にまで到達する荷電粒子の放出とに対応している．このような太陽の活動は，磁気嵐，無線通信を妨害する電離層擾乱（じょうらん），そして最も壮観な，輝くオーロラの発生の原因になるとされている．このオーロラは，太陽と地球との間をつなぐ，磁力線に沿って移動する，太陽から放出される荷電粒子の流れによって作られるものである．

太陽活動がピークを迎えることで，荷電分子（ウイルスを含む）が，成層圏から地上まで降下するのを助けていることは間違いない．そこで，われわれの現在の考え方に従うならば，容疑者である分子凝集体（ウイルス）が，このような流星群から成層圏にまき散らされた場合，大規模なインフルエンザの流行は，そのピークの後につづいて発生すると思われる．こうした流星群は，ほぼ周期的に発生するものであるから，制限要因となるのは，太陽活動の強さであると考えられる．そしてそこから，世界的大流行または大規模な流行と，黒点活動のピークとの間に一致が生じることになる．このことを図 7.4 に示す．

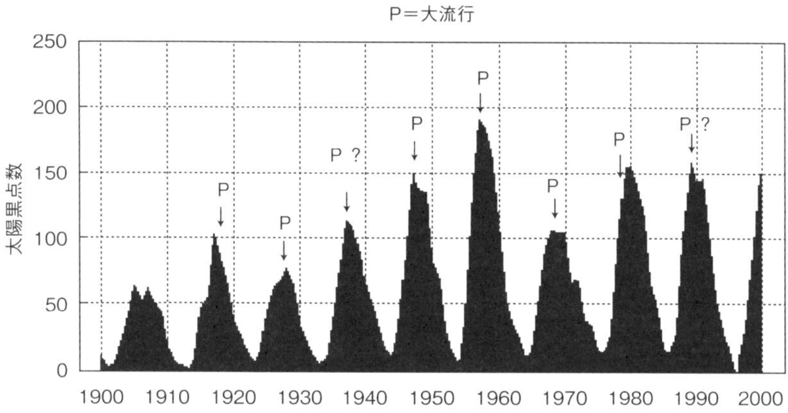

図 7.4　20 世紀を通じての太陽黒点数と，11 回のインフルエンザの大流行との比較．

インフルエンザウイルスは宇宙からの侵入

われわれがインフルエンザに関して詳細に検討してきたのは，ここに，宇宙空間から生物学的物質が継続的に入ってくることを示す，最も有力な直接的な証拠があると思われるからである．そしてまた，インフルエンザは，人類に対して脅威であり続け，その将来の，破滅的な大流行に対し，現実的な可能性として直面しなくてはならないからである．これまでのところ，この最後の審判の予測を行うために，あらゆる試みがなされているものの，部分的な成功しか収めていない．20 世紀から 21 世紀初めにかけての，優勢なインフルエンザウイルスの，亜型の変動パターンを図 7.5 に示す．

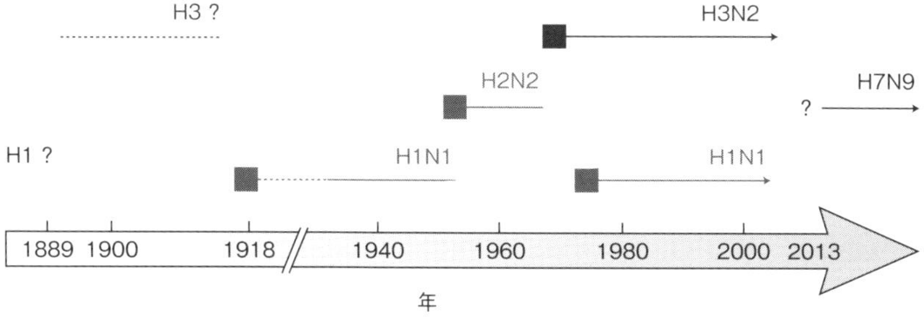

図 7.5　ヒトの個々の集団におけるインフルエンザ A 型ウイルスの亜型の変動．

宿主の体内で，数兆回も再生されたインフルエンザウイルスであれば，当然のように複製エラーが蓄積されるだろうし，生存のためのさまざまな選択圧に対して，遺伝的浮動が必然的に発生するだろう．それと同様に，動物の個々の集団のインフルエンザウイルスと，ヒトの個々の集団のインフルエンザウイルスとの間で組み換えが時折起こる．そして，このような事象については，当然，きちんと論文等に記載されている．しかしながら，この章で取り上げた現象（ウイルスの宇宙からの飛来と降下による流行病の発生）を，このようなプロセス（複製エラー，自然選択など）によって説明できるような，確固とした根拠のある説明を手に入れることは難しい．

世帯内でのインフルエンザの蔓延は，接触感染で説明できる，と広く信じられている．このことには証拠があるものの，関連する証拠を注意深く調査して実証されたものではない．エドガー・ホープ＝シンプソンは，イギリスのサイレンセスターの開業医だったが，1968 年から 69 年と，1969 年から 70 年とにおけるインフルエンザの大流行のときの 134 世帯の感染データを分析し，ある結論に到達した．それは，最初にインフルエンザの症例が確認された世帯内での，家族のインフルエンザ感染は，その世帯があるコミュニティでの平均罹患率に近いという結論だった．言い換えれば，感染した家族は親しく接触することが予想されるのにもかかわらず，家庭内での感染を高めてはいないのである．

宇宙からやってきたウイルスがヒトに内在化する

この章の結びとして，以下のことを指摘する．細菌やウイルスによる流行病のさまざまな側面は，地球を中心とする生命論という視点をもつかぎり理解できない．しかし，微生物が宇宙から来たことを認めることで，理解できるようになるかもしれない，ということである．

病原体と宿主とは，地球上でともに進化してきたのだから，このような見解はありえない，という批判をしばしば耳にする．しかし，もし，進化が長期にわたる宇宙からやってきたウイルスの内在化の結果であると仮定すると，その批判はまったくの的外れということになる．前の章で，ヒトゲノムの DNA の大きな部分は，進化の可能性を貯蔵する，内在化されたウイルスによって占められていることを指摘した．また最新の研究により，霊長類から現生人類への進化の過程において，数百万年にわたる各種の流行病の感染が関与した可能性が明らかになっている.流行の発生のたび,かろうじて絶滅を免れた免疫をもった血統グループが，そのゲノムを継承したのである.

惑星地球生命を守るプロトコル

フレッド・ホイルと筆者は，1980 年代に出版した著書のなかで，もし必要であれば，将来の壊滅的な世界的流行病を避けるためのワクチンを開発するために，地球に侵入する病原体を探すことを目的として，成層圏を微生物学的に監視し続けていくことが賢明であると書いた．ウイルスの粒子が，成層圏上層に到着してから地上に降下するまでには，数週間から数カ月がかかるものと思われる．これだけの時間があれば，致死的と思われる病原体を発見して，行動を起こすまでに十分余裕があるだろう．このような，防御のプロトコル（手順書）を定める機は熟したと思える．さもなければ，世界的流行病によって壊滅的な被害が出たことによって彗星パンスペルミア説が証明されるという，恐るべき事態を迎えることになってしまうかもしれない．アーサー・C・クラークが言ったように，恐竜が絶滅したのは惑星を防御するプロトコルをもっていなかったためなのだ．しかし，もし恐竜が侵入してくる新しいウイルスを全滅させるプロトコルを定めていたなら，人類は出現し得なかったかもしれない．

第 8 章

地球にやって来る微生物

Microorganisms Entering the Earth

苛酷な条件でも生きる微生物

細菌の放射線耐性についてはすでに言及したが，それ以外にも，さまざまな環境に耐えられる微生物が知られている．なかには，地球という閉鎖系のなかで進化したとは思われないようなものも存在する．微生物は，この地球上のまさかこんなところに，と思うような場所からも見つかっている．いくつか例を挙げるならば，南極のドライバレー土壌，深海の熱水噴出口，深さ 8 km の地殻内部，海抜数千 m の高さにある対流圏や成層圏の雲のなかなどだ．自然のものだろうと，人工のものであろうと，この地球上には微生物の定着がみられない場所は，ほとんど存在しない．

琥珀にとらえられた昆虫の腹部のなかで，微生物が 4,000 万年も生き延びたことも確認されている（Cano and Borucki, 1995）．さらに古いものでは，ニューメキシコの岩塩鉱で，塩の結晶のなかから発見された細菌は，2 億 5,000 万年前のものだとされている（Vreeland *et al.*, 2001）．このような，天文学的なタイムスケールを生き延びていることは，パンスペルミア説にとってとりわけ重要なことだ．というのは，地球環境の自然放射線は，このような形で捕捉された休眠中の細菌に対して，大量の超微弱電離放射線（4,000 万～ 2 億 5,000 万ラド）を浴びせているからである．このことは，琥珀内で生き延びた場合と同じように，星間空間という環境において同量の微弱宇宙放射線に数億年にわたってさらされながらも，かなりの数の微生物が生存できることを理論的に示している（Wickramasinghe *et al.*, 2010）．また，NASA の長期被曝実験施設では，地球環境に近い放射線を数カ月から数年間浴びた細菌が，生存していることが直接証明されている．ここで枯草菌が太陽からの宇宙線に数カ月さらされても，依然として生存していることが明らかになった．

微生物は大気圏突入に耐える

たとえ，実際にウイルスや細菌が宇宙に存在しているとしても，それが生きたまま地球に潜入することはありえない，という批判を繰り返し耳にする．つまり，そういう微生物でも，地球の大気圏に突入するときの熱によって，死滅してしまうだろうというわけだ．だが，それが誤りであることは証明できる．細菌が，大気圏突入時の急速な加熱に耐えられるかどうかに関する室内実験は，1980年代に実施されており，乾燥状態の細菌を数秒間で絶対零度から1,000度を加えて加熱していっても，生存可能性がまったく失われていないことがわかっている（Al-Mufti *et al*., 1983）．大気圏に再突入する宇宙船は，その表面にいる菌が死滅する温度まで加熱されると思われる．また，大きさが1 mm程度の流星物質など，ある種の宇宙粒子は，摩擦による加熱で破壊されてしまうのは確かである．しかしこの現象は，突入角度や，侵入してくる粒子の大きさや成分，柔らかさの程度によって微妙に変わってくるのである．

フレッド・ホイルと筆者は，細菌や，細菌の塊やウイルスくらいの大きさの粒子は，大気圏突入というイベントを，ある程度耐え抜くことができるはずだと主張した（Hoyle and Wickramasinghe, 1979）．そしてまた，成層圏だけではなく，かなり下層の大気中にばらまかれた，軽く圧縮された彗星の断片のなかに埋め込まれた，非常に繊細な生物学的構造でさえも，生き延びられるはずである．後者の場合，そのような生体構造は，かなり局所的に落下する可能性があると思われる．このことは，前の章で取り上げた，アテナイの疫病のような細菌やウイルスによる病気が，極めて局所的に発生したことに関係するかもしれない．また最近のことだが，表面がけば立ったケイ質の彗星物質の凝集体が，スリランカに落下した隕石のなかから発見された[1]．そこには確かに，化石化した生物細胞だけではなく，生きた細胞も含まれていたことが指摘されている．このことも興味深い．これは，後の章で取り上げることにする．

[1] 松井孝典『スリランカの赤い雨―生命は宇宙から飛来するか』角川学芸出版，2013年を参照．

微生物の落下パターン

高度 100 km ほどの，上層の大気に到達した彗星に含まれた微生物は，重力によって落下を始めるが，すぐさま大きさに従って，ふるいにかけられる．細菌くらいの大きさ（半径 0.3 ～ 1 μm）の粒子は，そのまま重力による落下を続けながら，およそ 1 年か 2 年で地上に到達すると思われる．ウイルスの大きさの粒子は，高度 20 ～ 30 km にある成層圏で捕捉され，そこからさらに落下する場合，その運動は主に成層圏大気による地球全体の混合対流に左右される．これらの対流は，本質的に季節的な特性をもっており，普通のウイルスを，季節的な周期で地上に運んでいる可能性がある．これは，前の章で述べたインフルエンザの発生パターンとよく似ている．

大気圏内の微生物回収

1950 年代後半に，地上 20 km より低い下層の大気[2)]にただよう粒子状物質の収集が試みられた．毎回のように，さまざまな点で細菌やウイルスに似た粒子の個体群が発見された．オーストラリアの物理学者である E・K・ビッグは 1960 年代に，外部の特性が微生物と似ている粒子を回収した（Bigg, 1983）．さらに最近では，D・E・ブラウンリーが，高度 15 km を飛行する U2 航空機に彗星や隕石の塵を収集するために「ハエ取り紙」を取り付けて，粒子の塊を大量に集めることに成功している（Brownlee *et al.*, 1977）．これらの，いわゆるブラウンリー粒子は，同位体分析など感受性の高い分析方法に基づいて，彗星物質であるとされた．これら粒子複合体の例を図 8.1 に示す．

25 km 未満の高度で集められた粒子は，それが地球外に起源をもつ粒子であるのか，地球表面から舞い上がった粒子であるのかを見分けるのは，非常に難しい．しかしながら，消毒済みの箱を気球に乗せて十分な高度まで飛ばすことで，このような困難は，かなりの程度まで克服することができると思われる．垂直方向の空気の移動は，普通，成層圏の領域では非常に弱くなる．したがって，細菌の大きさの粒子が気流によって 15 ～ 20 km の高さまで運ばれているとは思えない．そこで，あらかじめ消毒した機器を使って，それ以上の高さで発見された生物学的粒子は，宇宙から来たものである可能性が非常に高くなる．

---

2) 平均0 ～11 km の高度の部分を対流圏という．極と赤道では値が異なる．

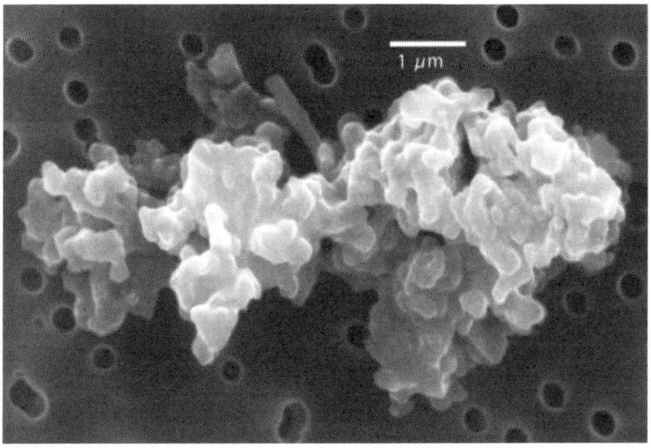

図 8.1　炭素質コンドライト組成をもつブラウンリー粒子.

成層圏内の微生物回収

成層圏で微生物を検出するための本格的な取り組みは，宇宙時代の夜明けの1960 年代に，すでに始められていた．アメリカの科学者たちが，細菌や藻類を検出する機器を搭載した気球を飛ばし，成層圏の 40 km 以上の高さまで到達させている．そして，当時の研究者たちをまごつかせるほどに，明白な結果が得られている（Gregory and Monteith, 1967）．標準的な技術によって培養することが可能な，生きた細菌が回収されたのである．機器は，気球で飛ばす前に必ず殺菌され，同じパッケージが二つ搭載された．このうち一方は，成層圏にさらされており，もう一方はそうではない．成層圏にさらされないパッケージは対照実験のためのものである．そして，その対照実験用のパッケージから，細菌培養物は回収されなかったため，実験室で汚染された可能性はないことが，効果的に示された．

これらの初期の実験では，成層圏では，1 m^3 当たり 0.1 ～ 0.01 個の生物細胞が確認されている．そして，18 ～ 40 km まで高度が上がるのにつれて，生物細胞の密度は，実際に増加しているのである．これは，上空に吹き上げられた細菌が見つかったとする考えに反するものであり，生物学的粒子が，宇宙から侵入している明確な証拠が示されたことになる．

1970 年代の終わりには，さらに上層の，高度 50 km にある中間圏の大気サンプルを採取しようという，非常によく似た実験がソ連で試みられている．大気上層へとロケットが打ち上げられ，パラシュート付きの検出機器が放出された．フィルムは，さまざまな高度で大気にさらされ，問題となっている範囲の高度から機器が降下するとき，そのフィルムに粒子が付着するようになっている．その後回収されたフィルムは実験室に送られ，微生物の有無が調べられる．このような飛行が三度実施されたのち，50 ～ 75 km の高度で採取された細菌から約 30 の培養物が得られた．こうして 40 年以上も前に，アメリカとソ連との両方の実験から得られた証拠は，宇宙から細菌が入り込んだという考えを裏付けるものと思われる．しかしながら，この見解について本質的に信じ難いという偏見の目で見ようとする者には，「汚染がありえる」ことを根拠に，自分たちにとって不都合な結果を無視することは容易である．

雨の凝結核となる彗星の塵

成層圏に拡散した地球外の微生物が地上に到達する場合，雨とともに降下する可能性が最も高い．微生物は，効果的に雨の凝結核の役割を果たし，その周囲で氷粒子が成長する．水蒸気で飽和した雲に，どうやって雨を作り出す種が蒔かれるのか，という問題に，数年間にわたり，科学者たちは悩まされてきた．0 ℃か，それより僅かに低温の状態で，大気中にある飽和水蒸気の雲は，「凝結核」が内部に形成されるか，外部から導入されるかしなければ，自然に雨に変わるようなことはない．

50 年以上も前に，オーストラリアの物理学者 E・G・ボウエンは，雨雲に含まれるこのような「凝結核」と地球外の粒子との間に，注目すべき関連性を見出していた．ボウエンは，雲のなかで凝結核が発見される頻度と流星群の発生との間に，驚くべき関係があることを明らかにした．流星群は一年の決まった時期に，短周期彗星から放出された塵からなる軌跡を，地球が横切ったときに発生する．このようにして地球に突入した大きな粒子は，大気のかなり上層で蒸発してしまう．それに対して，微生物はそのまま残って「凝結核」の役割を果たすことがある．また，流星活動のピークから約 30 日後に，非常に激しい雨が降ることが系統的に記録されている．

ボウエン（1956）は，『ネイチャー』誌で次のように書いている．

したがって，この流星群の塵が大気の低層にある雲系に降下して凝結核となり，塵が最初に大気に入ってから30日後に大変な豪雨を引き起こす原因となるという仮説を，さらに進展させる必要がある．

この仮説は，1956年には奇妙に思われたかもしれない．しかし，それ以来，「凝結核」には細菌が含まれていることが多く，最も効果的に雨を降らせる，人工降雨剤の役割を果たしているという説が定着した．上層の大気を，彗星がかき乱してから雨が降り出すまでに，30日の時間差が生じることは，大気中を極微粒子が降下する時間として容易に解釈できる．

気球による成層圏微生物回収の試み

1980年代にフレッド・ホイルと筆者は，われわれの友人，ジャヤント・ナリカールの助けで，インド宇宙研究機関（ISRO）を説得して，微生物調査を目的として，成層圏の大気からサンプルを採取するための同様の実験を行った．十分に立証済みの，気球フライト能力を利用したものである．この実験は，1960年代から1970年代にかけて得られた，初期の気球実験の結果に基づいている．当時このプロジェクトは，実施の価値も意味もないものだと思われていた．しかし数年後，イギリスのカーディフ大学とシェフィールド大学に勤務する研究者と，インドの研究者たちによる共同研究が承認され，実行の運びとなった（Harris *et al.*, 2002）．

インド宇宙研究機関の気球実験（2001年）

2001年1月21日，インドのハイデラバード上空に放たれた気球によって，大気サンプルが採取された（図8.2）．採取された高度は，19～20 km，24～28 km，29～39 km，39～41 kmの四つである．採取には，気球に搭載された低温試料回収装置も使用された．これは完全に殺菌され，高レベルの真空状態にされた16本のステンレス鋼管からできた多岐管の装置である（図8.3，図8.4）．このステンレス鋼管は，液体ネオン室内に設置され，絶対零度より10度高い温度に冷却されている．

それぞれのステンレス鋼管装置の入口には，金属製の弁がとりつけられてお

図 8.2　サンプル採取のために放たれた気球.

図 8.3　気球に搭載された低温試料回収装置.

図 8.4　サンプルが入った管を手に取る筆者.

り，地上からの遠隔操作によってモーターで開閉できるようになっている．飛行中，装置は，低温ポンプ効果が作動するように，液体ネオンに浸された状態になっており，この状態で弁を開くと，周囲の空気が取り込まれる．管の内部に拡散したエアロゾルを含む大気は，41 km の高さに到達するまで，続けて装置に集められる．低温試料回収装置の多岐管は，装置が成層圏の大気とエアロゾル粒子で満たされると，パラシュートで地上に降下するようになっている．

各管の排出弁から出てきた空気は，その後，微小流量キャビネット内の殺菌システムに送られる．そのとき，細孔径が，0.45 μm と 0.22 μm の，ニトロセルロースフィルターを通して，生物細胞などのエアロゾル粒子が捕捉される（Harris *et al.*, 2002; Wainwright *et al.*, 2003）．高度 41 km で採取された大気を回収したフィルターのサンプルから，平均半径が 3.0 μm の，球菌の形をしたサブミクロン単位の粒子の塊が分離された．この塊は，まず走査型電子顕微鏡によって特定され（図 8.5），そののち落射型蛍光顕微鏡法という技術が用いられた．後者の方法では，蛍光発光する膜電位感受性色素（カルボシアニン陽イオン）が，生きた細胞の存在を示すために使用される．このような蛍光性の発色点は，図 8.6 のように見える．

アクリジンオレンジによる核酸染色法を使う，似たような手順でも，核酸を含む細胞の塊が存在することが明らかにされた．培養に関する試みが失敗に終わったことで，図 8.5 や図 8.6 に示した細胞は，生きているが培養は不可能な細胞であると見なされた．その後，ミルトン・ウェインライトは，汚染に対して想定されうる，全ての予防措置を施した上で，柔らかいポテトデキストロース寒天培地（PDA）を使い，空気フィルターから回収された球菌とバシラス属の培養に成功した．培養された細菌は耐紫外線性をもっていることがわかったが，それ以外は，地球上に存在するよく知られた種と異なるところはなかった．

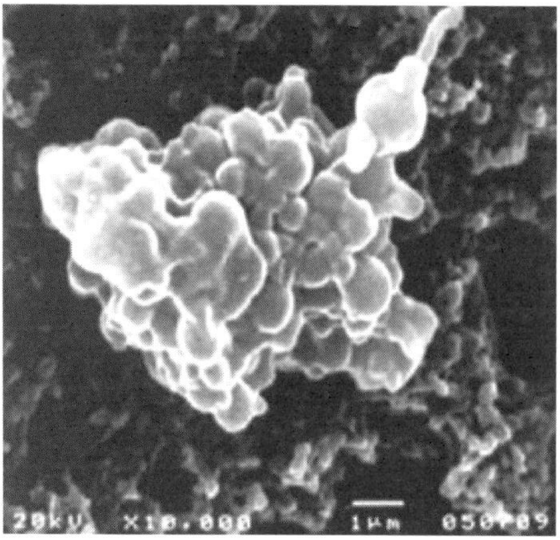

図 8.5　走査型電子顕微鏡で見た，球菌の塊とバシラス属の画像.

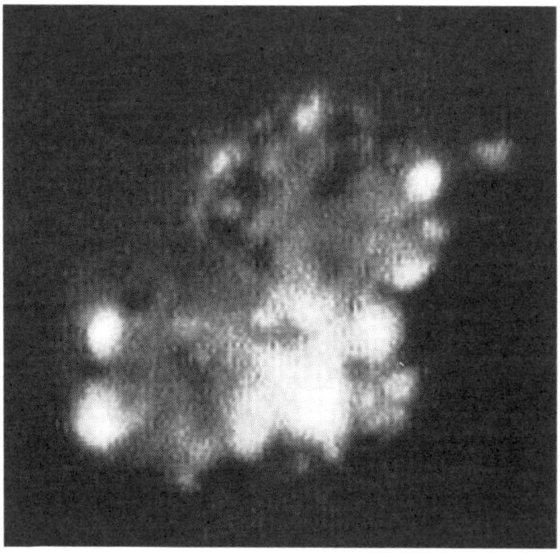

図 8.6　高度 41 km で採取された，生きているが培養不可能な細菌の塊を，カルボシアニン染色で蛍光発光させたもの.

成層圏から回収される微生物

ほとんどの微生物学者が，これらの分離株に地球上の微生物種とよく似た特性があった，という事実に抵抗を示した．地球上のものではない微生物がもし存在するならば，ほかの場所で別の進化を遂げているはずだ，とする前提があるためである．しかしながら，ウェインライトの調査結果は，地球上の生物とその進化には，過去40億年にわたって彗星が運んできた生物も含まれるというパンスペルミアモデルと，完全に一致している．われわれの説によれば，周知の細菌の遺伝型の主な特徴はいずれも，宇宙での進化のプロセスによって得られたものであり，常に宇宙から再補充され続けている．そこで，新たに地球にやって来た，地球上に存在する微生物と生物学的に類似している微生物を発見することは，当然のことと考えられる．

この実験の全ての段階で，器具や実験室の汚染が排除されていることから，二つの選択肢が残された．まず，成層圏から採取した微生物は，火山の噴火とか，その他の非常に珍しい気象学的事象などによって，地上から運ばれてきたものという考え方．もう一つは，これらの微生物は宇宙からやって来たという考え方だ．火山が起源となっている説は，気球を放った2001年1月20日までの2年間に火山の噴火は一切起こっていないという，単純な理由から除外される．また，半径3 μmの粒子は，およそ数週間で降下し，なくなってしまうことが計算によってわかっている．これと似た反証は，この大きさの粒子を地上から巻き上げうる，何らかのまれな気象現象に対しても適用される．

高度41 kmの成層圏で採取された細胞個体群を，統計的サンプル分析したところ，彗星起源と思われる微生物は，地球全体で1日に平均0.1 t（100 kg）が入り込んでいることが示された（Wainwright *et al.*, 2003）．パンスペルミア説を批判する者は，半径3 μmの粒子は摩擦熱で燃えてしまい，流星になる，と主張するかもしれない．そのような運命をたどる粒子はあるかもしれないが，ほとんどはそうとはならない．微生物が生き延びられるかどうかは，大気圏突入時の入射角や，成層圏の最上層での凝結のしかたなど，多くの要因に左右される．微生物が損なわれずに，成層圏に達するさまざまな突入機構が考えられる．おそらく，彗星から放出された大きな凝集体は，（大気圏侵入時に）まず，崩壊して，動きの緩慢な多数の小さい塊になるだろう．このような崩壊が起こる証拠は，すでに数年にわたって存在している（Bigg, 1983）．そして，U2 航空機で採取したブラウンリー粒子に関して，非常にもろい有機構造が，成層圏の低い層まで到達して生き延びていることが，最近行われた研究でも明らかにされている．同様の粒子は，南極の氷からも回収されている．図 8.7 に，炭素を豊富に含む集合体の例を示す．

図 8.7　南極から回収された脆弱な微隕石．

ウェインライトによる気球実験（2013 年）

2001 年に行われた低温試料回収装置の実験から数年後，高度 41 km の成層圏でのエアロゾル採取が再び実施され，非常に高い耐紫外線特性をもつ，新種の細菌が 3 種類回収された．そのうちの 1 種は，フレッド･ホイルにちなんで，「Janibacter hoylei」と名づけられた（Shivaji *et al.*, 2009）．地球上へ，一日平均で 100 t（100,000 kg）も入ってくる彗星物質のうち，その 0.1 %は生きた細菌の形態をとっており，成層圏に到達してから，最後は地球表面に降下するものであるといえる．

宇宙から成層圏を通って降下する微生物と生物体に関する，最も重要な研究は，ミルトン・ウェインライト率いる研究者チームが行った宇宙サンプル採取フライトだろう（Wainwright *et al.*, 2013a, b, c）．2013 年 7 月 31 日，ウェスト・ヨークシャー州ウェイクフィールド近くの開けた場所から，成層圏へと気球が上げられた．搭載された構成部品は，降下する極微小流星物質を採取するために巧みに設計されており，改良された CD ドロワー[3)]には，電子顕微鏡用スタブ[4)]が取り付けられた．粒子回収機能のある電子顕微鏡スタブのついたサンプリング用ドロワーは気球が高度 22 ～ 27 km まで上昇する間，17 分間開放され，成層圏の大気にさらされることになる．サンプル採取用搭載装置は完全に密閉されていて，パラシュートによって，まったく損傷のない状態で回収される．同じ装置を搭載した，成層圏への別の対照実験フライトが，実際にサンプルを採取するフライトの前に実施されている．こちらのドロワーは開放されないが，その他の手順はまったく同じになっている．

回収された搭載装置から，電子顕微鏡スタブを取り外し，走査電子顕微鏡で詳しい分析が行われた．宇宙サンプル採取フライト[5)]から取り外したスタブからは，30 ～ 50 μm よりも大きい，さまざまな生物体が発見された．対照実験フライトから取り外した，どのスタブからも，類似の構造は見られなかった．この事実から，地上における汚染を防ぐための周到な手順は有効であったことが実証された．

ウェインライトら（2013a, b）により発見された，これらの推定生物学的構造に関する二つの例を，図 8.8 および 8.9 に示す．30 ～ 50 μm の比較的大きな構造と，そのいくつかと関係のある，スタブ上のマイクロ・クレーター（微小な孔）は，この粒子が，地上から巻き上げられて浮遊していたときに回収装置に吸着回収されたというよりも，宇宙から降下するときに生じる速度で回収装置に吸着回収されたことを示すものである．図 8.8 および 8.9 に示した構造は，いずれも明らかに生物学的なものである．図 8.9 の珪藻は，周知の珪藻属と区別がつかない．

流星物質の降下速度

彗星からの極微小流星物質が，成層圏を降下するときの終端速度は，カステンが定めた数式（1968）と，大気データ表（Cole *et al.*, 1965）によって算出することが可能である．こうして，成層圏の 41，27，23 km の高度において算出された流星物質の降下速度（平均密度によって異なる）を表 8.1 に，粒子の半径による違いを図 8.10 にそれぞれ示す．

---

3) PC などに使われる開閉式のもの．

4) アルミ製で，サンプルの電子顕微鏡用取り付け台．

5) P113 の 2013 年 7 月 31 日の気球打ち上げ．

この計算から，半径 3 μm の密度が均一な粒子は，高度 27 km から 46.5 日間で地上に降下するのに対して，半径 50 μm の粒子は，4.1 時間で到達することがわかる．このため，ウェインライトらが実験のために採取したなかで，最も大きな粒子（図 8.8 および 8.9 のものなど）については，過去の火山の噴火の成層圏内の残留物であるとか，考えうるタイムスケールを超えて，地面から成

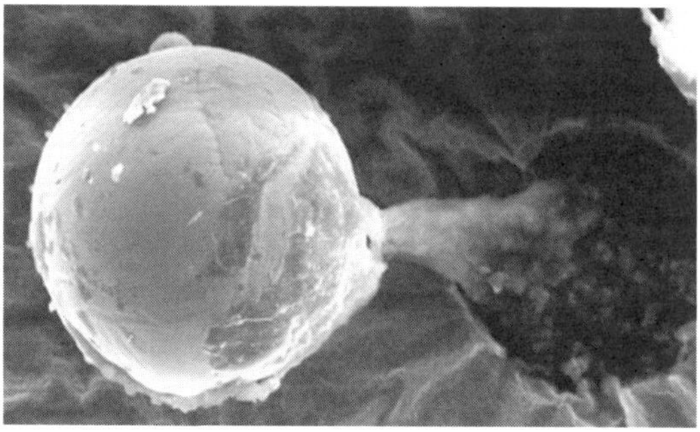

図 8.8　真菌類にみられるような網状の被膜をもったチタン球状物が，成層圏から回収された．これを回収スタブから顕微鏡操作によって引きはずすと，生物的物質が内部から発散（噴出）した．そして，その跡には衝突時のクレーター（図の右）があった（Wainwright *et al.*, 2013）．

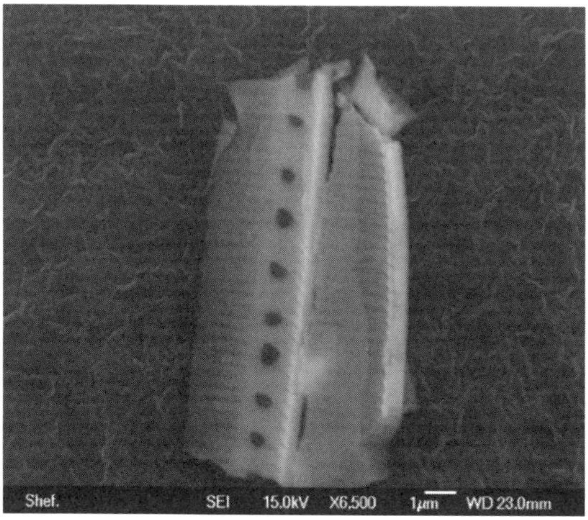

図 8.9　高度 27 km から回収された SEM スタブにめり込んだ，上下の殻が合した状態の珪藻（フラスチュール）（Wainwright *et al.*, 2013）．

層圏に舞い上がったとかいう解釈はできない．また，30 ～ 50 μm の粒子が，高度 27 km から降下する速度（最大で秒速 50 cm）は，図 8.8 に示した（スタブ上のマイクロ）クレーターを形成するのに十分な速度である[*1]．

表 8.1　密度 1 g cm^{-3} で，半径の異なる球体粒子の降下速度（cm/s; 0.36 km/hr）．

h/km ＼ *a*/μm	1.0	3.0	10.0	20.0	30.0	50.0	100	200
23	0.048	0.41	4.47	17.8	40.1	111.1	444	1,776
27	0.08	0.68	7.46	29.7	66.8	185.2	740	2,960
41	0.5	4.27	46.6	185.7	417.2	1158.0	4,627	18,500

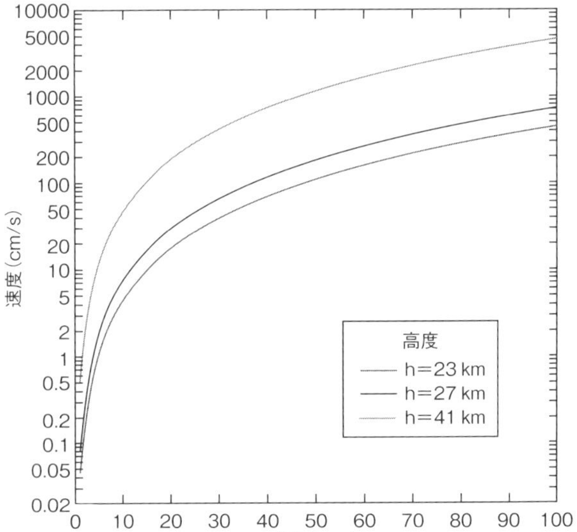

図 8.10　成層圏の異なる高さから降下する，さまざまな半径の流星物質の降下速度（流星物質の平均密度は一定であると仮定する）．

---

*1 秒速 50cm でスタブ（アルミ製）にこのようなクレーターは形成されない．

第 9 章

太陽系内の惑星に存在する生命

Planets of Life in the Solar System

宇宙空間における生命拡散

これまでの章で地球のような生物を擁する惑星は，微生物のみならず進化した生物の遺伝断片さえも，その他の惑星へとまき散らしている可能性があることを示した．太陽系を取り巻く，彗星の巣であるオールトの雲は，平均で約 4,000 万年に 1 度，分子雲が接近することによって重力摂動を受ける．これによって，地球に彗星が衝突する確率が上昇するほか，必然的に，彗星に存在する生きた微生物を宇宙空間にまき散らすことになる．このような微生物は，新たに形成された惑星系に侵入し，そこでコロニーを作るかもしれない．太陽系内に限っても，同じような衝突によって生物の再分配が起きる可能性は高く，そのようにして，例えば地球と火星との間で極めて容易に微生物が移動しているかもしれない．

太陽系の惑星は，光学，紫外線，赤外線による測定，レーダー天文学や電波天文学など，さまざまな技術によって探査が行われている．しかし，最も劇的な発見は，この 30 年間で行われた直接の宇宙探査によって得られたものである．この章では主に，最近の太陽系の探査について詳しく検証し，特に，太陽系や太陽系外にあるその他の惑星や衛星には生命が存在するか，またはその可能性があるか，という疑問について検討する．

太陽系内に生命を捜す

微生物の生存特性は，ほとんど無限に幅広いという話はすでにした．極限環境微生物に関する最近の研究により，生命の生存限界が，急速に薄らぎつつある，ということがはっきりと示された．このことは宇宙生物学者にとって，一見して生物の生息にはまったく適さないどころか，むしろ生命の生存が危ぶまれる場所にまで，地球外生命を探すことが可能である，という確信を与える．太陽系内では，このように生命が生存できる環境が数多く存在しているのは確かである．太陽系内に生物が存在しているのなら，その場所を突き止め，生物を発見する可能性は大いにあることである．

水星

生命の可能性を探るために，太陽系の惑星を内から外へ，その並んでいる順にみていくことにする．最初に出会うのは水星である．水星は，表面重力は地球の約 3 分の 1 で，公転周期は地球日で約 88 日である．そして，地球上から観測したときには，月と似た，満ち欠けの相がみられる．水星の地上から太陽を見たとしたら，地球から見たときの 3 倍近くも大きく見える．また，所定の範囲で受ける太陽からの放射は，地球上の同じ範囲が受ける放射の 10 倍近くにもなる．水星の自転周期は地球日で約 59 日，表面温度は日中で約 400℃，夜は -200℃になる．日中の温度が非常に高くなるのに加えて，表面重力が小さいこともあって，水星の大気は極端に薄い．ほとんどは重い希ガスで構成されている．また，地表面が月とよく似ていて，太陽系内惑星のなかでは生物が存在する可能性が最も低いだろう．

最近まで，水星は生命が存在する場所としては，まったく無視されていたように思われる．しかしながら，NASA が打ち上げた水星探査機「メッセンジャー」が 2011 年 3 月に水星の周回軌道に入ると，水星の北極近くにある永久影のクレーター内に，氷と凍結した有機物が存在するという新たな調査結果が報告された．そこには，タールや石炭に似た物質も存在するという．このような物質は，おそらく彗星や隕石と衝突した際に運ばれたと思われる．そして，それは局所的ながらも，微生物の生息に適している可能性がある環境が存在する可能性を示すものである．

金星

太陽からさらに離れると，次の惑星は金星である．この惑星は，大きさの点でも，質量の点でも，地球とよく似ている．そして最も接近したときには，両者の距離は僅か 2,500 万マイル（約 4,023 万 km）しかない．金星の地表は，反射率の高い分厚い雲に覆われているため，異様なほどに輝いて見える．そして月と同じように満ち欠けの相がある．最も輝いているときの金星は，太陽と月に次ぐ光度がある．金星の大気に関する最も正確な情報は，いくつもの惑星探査機によって収集された．

金星の濃密な，対流する大気には，二酸化炭素（CO_2）が最も多く含まれている．そのため，非常に強い温室効果が生み出されている．高度による温度の違いの平均を図 9.1 に示す．これで見ると，地表面と雲の最上層とでの温度差は，最大で 500 ℃にもなることがわかる．金星の大気組成は，CO_2 が 96.5％を占めており，そのほかに窒素分子（N_2），水（H_2O），一酸化炭素（CO），水酸化物イオン（OH），塩化水素（HCl），硫化水素（H_2S），硫化カルボニル（COS），二酸化硫黄（SO_2）が含まれている．金星の大気は，可視光線や紫外光線の不透過率が高く，太陽放射線を最大 80％も反射する．1970 年代から，多くの探

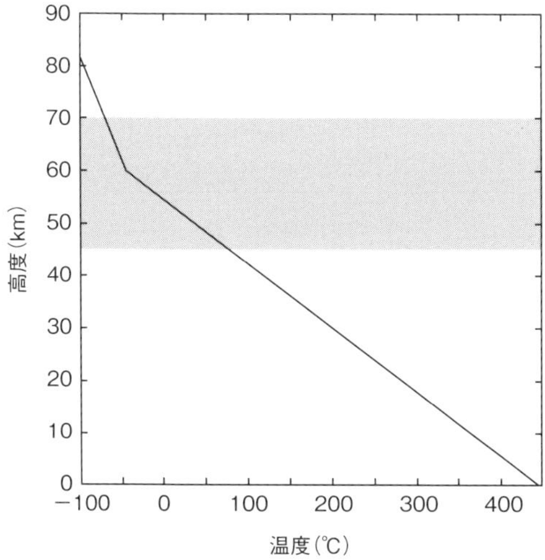

図 9.1　金星の大気の平均温度．

査機が金星へ向けて打ち上げられているにもかかわらず，この惑星の雲に関する分野に未解決の謎が数多く残されていることは注目に値する．特に，金星の雲を黄色く見せているエアロゾル雲に関する全ての特性は，まだ解き明されていないままである．

金星の地表面近くでは，460℃もの温度があるため，微生物の生息に向いていない．しかし，高度45～70 kmの気温と気圧は，地球上でも実際にその環境があり，ある種の極限環境微生物の細菌が生息できることを示している．この辺りの大気温度は−25～75℃，圧力は0.1～10バールの間である．金星に適応した微生物相に関する推論が，数年にわたって発表されている（Morowitz and Sagan, 1967; Cockell, 1999; Schulze-Makuch *et al.*, 2004）．水は，ごく少量だが大気中に含まれていることがわかっている．微生物が集まってきて，利用するのに十分な量だ．さらに，安定した雲系が高度45～70 kmを循環していること，昇華した隕石から常に栄養分が供給されていることから，雲のなかの生物圏の可能性は依然として無視することはできない（Hoyle and Wickramasinghe, 1982; Wickramasinghe and Wickramasinghe, 2008）．

ESAが打ち上げた，探査機「ビーナス・エクスプレス」（2007）により，金星の大気中では，頻繁に放電（雷光）が発生している証拠が得られた．このようなエネルギーに関する事象によって，CO_2から大量のCOが生成されると思われる．雷光が発生しているにもかかわらず，観測されているCOの濃度が低いのは，外来の微生物が存在することを強く示唆するものと考えられる．地球上には，水素生成細菌として知られる，さまざまな細菌や古細菌の集団が存在している．これらは，COを唯一の炭素源として，またH_2Oを電子受容体として使用し，CO_2とH_2を，廃棄物として生成することで，嫌気的に成長する可能性がある（Wu *et al.*, 2005）．また，大気中にH_2SとSO_2が存在しているということは，極限環境を好む「硫黄」細菌が存在することを示すと考えられる（Cockell, 1999）．大気中の硫酸の小滴は，好酸性微生物が生存するための培地を提供している可能性がある．金星の大気中に，COSが検出されたことは，生物の存在を示すことにもなる．そして最終的に，金星の上層の雲（55～65 km）（図9.1）に含まれるエアロゾル粒子の大きさと屈折率は，細菌胞子と一致している（Hoyle and Wickramasinghe, 1982）．

金星の状況は，地球上の雲のなかで起こっていることとよく似ていると考えられる．サットラーほか（2012）の研究により，強冷却された雲粒内で微生物が成長することが実証されている．このことは，対流圏の雲のなかで微生物が成長し，繁殖することを主張するものである．安定した空中生物圏の存在のためには，(a) 細菌は水と栄養分を含む小滴の核となる，(b) コロニーはその小滴のなかで成長する，(c) 小滴は高温の領域に降下し，胞子が蒸発して放出されると対流によって上方に送られ，さらに核生成が行われる，というプロセスが必要である．金星の場合，この循環プロセスが雲の最上層と最下層との間で発生する，と思われる．

火星

太陽系を外へと向かう途中に地球を迂回すると，地球型惑星としては最後の，4 番目にあたる火星に到着する．長い間，火星はどんな惑星よりも人々の関心を引きつけていた．それは知的生命体が存在する可能性がある，と思われたからだ．火星の半径は地球の約半分で，質量は約 9 分の 1 である．そのため，表面重力は地球の半分よりも，やや小さくなっている．火星の一日の長さは地球日とほとんど同じで，自転軸の傾きも地球とほぼ同じである．そのため，季節も地球とよく似ている．その一方で，地球よりも太陽から離れているので，火星の一年は地球の 2 倍近い長さになる．

火星探査機「マリナー 9 号」により，火星表面全体に関する最初の詳細な調査が行われた．1 km の解像度で画像が撮影され，そのうち数％については，100 m の高解像度で地表の撮影が行われた．火星のクレーターは月の高地のクレーターと大体似通っているが，火星のクレーターのほうがはるかに浅い．それが，隕石衝突によって形成されたものであることは，ほぼ間違いない．探査機「マリナー」は，火星の特定の地点で火山活動が起こっている証拠を示したほか，火星表面の広範な領域にわたって，砂塵嵐が散発的に発生していることも示した．この嵐が発生すると，火星の表面の色がはっきりと変化し，地球からでも観測できるほどである．1971 年に発生した嵐は特に強烈で，広い範囲で発生していた．「ダスト・ボウル」と名づけられた，ヘラス平原など特定の場所では，常に砂塵嵐が起こっている．

火星の赤道付近での表面温度は，日中は氷の融点くらいに達し，夜になると－100℃よりも低くなる．1976年に着陸した探査機「バイキング1号」と「バイキング2号」が着陸した地点では，最高気温が－31℃，最低気温が－84℃だった．「バイキング2号」のオービターは，火星の北極の気温が－68℃である，という観測記録を残している．この温度では二酸化炭素が氷結することはない，と思われるため，北極を覆っている凍った物質は，水の氷であることを示唆していると考えられる．

火星の大気は，主に二酸化炭素（約95％），アルゴン（約3%），窒素（1.5%），酸素（0.15%）からなっており，さらに少量の水蒸気と，ごく僅かなメタンが含まれている．火星の地上での気圧は地球の0.5%ほどしかない．このように大気が薄いため，太陽から放射される紫外線を防ぐことができない．また，火星の表面に到達する紫外線流束は，全てとはいわないまでも，ほとんどの地球上の生物に対しては致命的なレベルの量である．したがって，火星の地表に生命が存在するとしたら，自然のシェルターが紫外線から身を守ってくれる，地表のすぐ下の特定の領域に限られるだろうと思われる．これは難しいことではないかもしれない．塵でできたくぼ地は，そういう領域となる可能性がある．なぜなら，くぼ地の底は塵がもつ効率的な減光特性によって，十分に紫外線を防いでくれるかもしれないからだ．また，散発的な微生物の活動の証しともいえる有機分子は，砂塵嵐によって吹き飛ばされてしまう．その上から塵が積もることで地表近くの微生物が守られている可能性がある．

探査機「バイキング1号」と「バイキング2号」は，それぞれ1976年7月20日と同年9月3日とに火星に着陸している．その重要な目標は，微生物の存在を探ることだった．ギルバート・レヴィンが中心になって，土壌サンプルの生物学的試験が火星で実施された．土壌サンプルの一部は，地下の岩石から採取されている（Levin and Straat, 1976）．実験前の予測では，微生物が存在しているとすれば，地球の微生物と大体似通った新陳代謝プロセスを行うだろう，と考えられていた．土壌は，さまざまな栄養素によって処理され，排出された気体と土壌そのものについて複数の方法で分析された．その実験の結果は，生命の存在を示さなかった．しかし，後になって，生命の存在を示しているということが以下に述べる通り強く示唆された．サンプルの土壌は，地球上のどんな土壌よりも活性化しており，化学者からは極めて強力な酸化剤である，と説明された．興味深いことに，火星の土壌の生物活性は，通常の殺菌温度を十分に上回る温度まで加熱した後でも確かに残っている，という事実が明らかにされた．また，火星の土壌には，探知可能なほどの有機化合物は含まれていない，という注目すべき事実もわかっている．これはつまり，火星に存在する微生物は，非常に好熱性（高温を好む）の性質をもっており，火星の生態系には非常に効果的に遊離有機分子を処理する仕組みがなければならないということである．このことに，NASA の科学者は慎重になりすぎてしまったのか，1976 年にバイキング計画から得られた結果では，生命が存在するという一貫性のある説明はできず，観測された莫大な量の気体の放出について，ほかの説明をする必要がある，と発表したのである．周知のとおり，これは間違った判断であった．それによって，その後の火星に関するミッションの立案に際して，誤った決定が繰り返されることになった．

1976 年の火星生命否定の再検証

1986 年，そして 2012 年に再度，1976 年に収集されたデータの全てが，注意深く再検証された．その結果，驚くべき（しかし，ほとんど公表されていない）結論が導き出された．バイキング計画の結果は，火星の地表のすぐ下の特定の領域に，原始的な生命が存在する可能性が高いことを示していた（Bianciardi *et al.*, 2012）かもしれないのだ．疑う余地のないほど確かなのは，1976 年のバイキングの実験で得られた結果は，火星に微生物が存在していることを，はっきりと支持しているという点である．

1976 年以来，火星へ向けて数多くのミッションが実行されてきた．これらのミッションでは，地表のすぐ下に水があること，乾ききった河床があること，上層の大気にメタンが含まれていることが明らかにされているが，いずれも，微生物が地表近くのごく限られた特定の領域に，依然として存在している可能性があることを示している．そして遠い過去，川が流れていた時代に，火星には，もっと多くの生命が存在することができたことを示している．

2004 年に ESA が実施した，火星探査機「マーズ・エクスプレス」による火星軌道上からの探査では，火星の大気にメタンが含まれていることが明らかにされた．上層大気で検出されるメタンの量は，火星の火山活動と関連づけるだけでは説明できないほどのものである．大気中のメタン分子は，比較的短時間で解離する．そのため，火星の地表や，その下から，メタンが安定的に供給される必要がある．したがって，それによって微生物が存在していることが示唆される．

1976年以来，数多くのロボット探査機ミッションが，火星の地上で行われている．しかし，ただの1回も，生命の存在を確認する実験が含まれていない．このことは，現代科学をとり巻く社会の嘆かわしい現状である．それにもかかわらず，皮肉なことだが，例えば火星から地球に岩石試料を持ち帰るという火星のサンプル回収ミッションが将来実施される場合，そこには，「地球防衛」のための対策が含まれている．それは，偶然に，火星から微生物が回収されるかもしれないし，もしかすると，それは人類にとって病原体となる微生物かもしれないからである．

NASAは2012年8月6日に，非常に洗練された可搬型実験設備を搭載した，探査車「キュリオシティ」を，火星のゲール・クレーターに着陸させた．そして，数年をかけて，過去から現在に至る生命の存在に関する痕跡を探っていくことが発表されている．これで，もし火星に生物が存在していることの間接的な証拠が発見されるとしても，それは，1976年には，すでに明らかになっていたことを長すぎる時間をかけて証明しただけのことである．

火星からの隕石 ALH84001

火星探査の次なる章のはじまりは，1996年8月に行われた，重さ1.9 kgの隕石（ALH84001）の研究によってもたらされた．この隕石は，火星を起源とする，と考えられている．隕石ALH84001は，1984年に南極のアラン・ヒルズで発見された隕石の一つで，約1,500万年前に小惑星か彗星が火星に衝突したときに，地表面から吹き飛ばされたものと思われる．飛び散ったかけらは太陽の周りを回り，やがて南極に落下した．そして，1984年に発見されるまで，その場所に存在していたのである．火星起源とされる，これらの隕石（SNC隕石として知られる）は，いくつかの証拠から，その火星起源が証明されている．そのなかでも特に説得力がある証拠は，固体マトリクス内にとらえられて

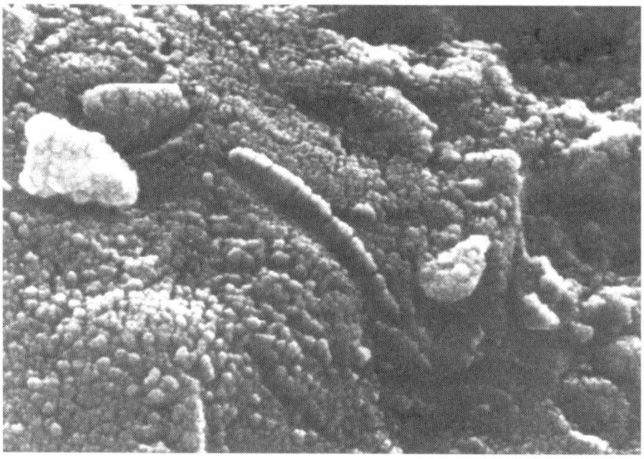

図 9.2　ALH84001 で発見された推定ナノ細菌の連鎖.

いた気体の抽出による分析結果である．これらの気体は，希ガスの相対存在量からみて，火星の大気とよく似ている．また，鉱物成分に含まれる $^{17}O/^{18}O$ の酸素同位体比も，火星での数値と非常に似通ったものとなっている．したがって，この隕石が火星起源であることには，まったく疑問の余地はない．

デイヴィッド・S・マッケイを中心とする NASA の調査チーム（McKay *et al.*, 1996）は，隕石 ALH84001 の内部に，大きさ 1 μm 未満の球状の炭酸塩と，その周囲に付着した複雑な有機物を発見した．球状の炭酸塩の周縁がぼんやりとしているのは，地球上に現存する細菌のコロニーが，しばしば生成する，何らかの生物膜のためではないかと考えられている．発見された分子には，前の章で星間空間に存在すると指摘した，多環芳香族炭化水素（PAH）が含まれている．これらの分子は，細菌特有の分解生成物と見なすことができる．さらに，図 9.2 に示すような卵形構造の連鎖は，化石化した微生物，ナノ細菌ではないかと考えられている．とりわけ，直径がおよそ 20 ～ 100 nm である卵形構造は磁鉄鉱の微細な単結晶で，地球の鉄酸化細菌の構造と似たものである．生物学的な意味で別の証拠となるのは，隕石の炭素質成分にみられるような炭素同位体比 $^{12}C/^{13}C$ の濃縮である．

ALH84001 論争

当初，研究チームのなかには，ALH84001 に含まれる，細菌と推定された化石の大きさが小さいことに，懸念を示す研究者たちもいた．地球上で普通みられる細菌と比べて，5分の1～10分の1であったからである．しかしながら，ロバート・L・フォークとE・カヤンデルの研究により，これと似た大きさの細菌は間違いなく地球上にも存在しており，ナノ細菌と呼ばれる，微生物の大分類を構成していることがすぐに明らかにされた（Kajander and Ciftcioglu, 1998）．直径が0.05～0.2 μmの細菌が，地球上の鉱物沈殿に深く関与しているという見解を裏付ける，有力な証拠は数多くある．

このような極めて重要な主張について，すぐさま科学界全体で細心の注意を払って精査が行われなかったことは，本当に驚くべきことであった．最初の発見が発表され，クリントン大統領が科学史上に残る発見と称賛してから1年も経たないうちに，賛否両論が渦巻くようになった．懐疑論者は，PAH型分子は生体分子とはいえないだろう，という見解を主張した．しかし，その根拠は，星間雲にも普通の炭素質隕石にも，類似するPAH分子は豊富に含まれている，ということでしかない．

それに関していえば，星間塵に関するところですでに述べているとおり，星間雲に含まれるこれらのPAH分子は，生物起源である可能性が非常に高いのである．そしてこのことは，炭素質隕石に含まれるPAH分子についても当てはまる．隕石や，彗星や，星間空間に含まれる全ての有機分子は生物起源ではない，という主張は，厳格な精査をくぐりぬけることはできない主張である．

ALH84001に含まれる，炭素塩小球体が形成された推定温度は，細菌が生き延びられる限界を超えているのではないか，と懸念する主張がある．しかし，この主張には問題がある．炭素塩小球体は，通常，細菌が生存し，繁殖するのに適した範囲内の温度で形成されたという説があるからだ．これに加えて，ALH84001は，細菌が内部に入り込むよりも，はるか以前の40億年前から，いつの時点でも110℃以上に細菌が熱せられたことがないということも証明されている．

さらなる争点となったのは，隕石に含まれる磁鉄鉱粒子の起源についてである．これらの粒子はひげ状結晶になっていて，結晶欠陥を起こしている．その構造から，それは高温蒸気が凝縮した結果である，という主張が，生物起源説に反論する際に引用される．しかしこの主張も，マッケイのチームによって否定されている．つまり，生物学的に生成された磁鉄鉱に，結晶欠陥がまったく起こらない，という可能性を除外することはできないのである．

ティシント隕石の微生物証拠

2011 年 7 月には，火星からの別の隕石がモロッコの砂漠に落下し，その後すぐ，2011 年 10 月にティシント村近くで発見された．この，通称「ティシント隕石」は，彗星か小惑星が数百万年前に火星に衝突したときに，地表から吹き飛ばされたものだった．この一かけらの隕石が，最近，ジェイミー・ウォリスらによって詳しく調査され（2012），絶滅した微生物の証拠が発見された．炭素と酸素を豊富に含んだ小球体が，ティシント隕石の内部で見つかったのである．図 9.3 は，走査電子顕微鏡（SEM）で，高エネルギー電子ビームを照射したときに現れた，内部が空洞になった有機構造物（organic structure）である．

ティシント隕石内に化石化した微生物構造が存在したことを示す，さらに有力な証拠は，ジェイミー・ウォリスによって最近まとめられた．このことにより火星には，地質学的歴史の初期の段階に大量の微生物が存在していたという主張が大幅に追加された（Wallis, 2014）[*1].

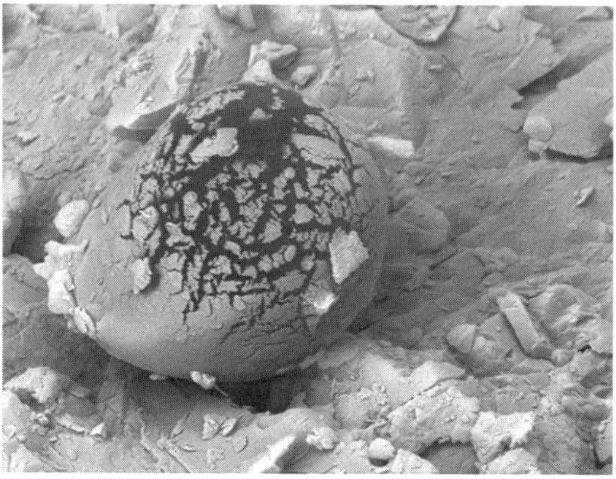

図 9.3　ティシント隕石内部で見つかった μm 単位の球状炭素質殻（Wallis *et al.*, 2012）.

[*1] この見解は著者ウィックラマシンゲのグループに限られ，一般的ではない．

木星・土星とその衛星

地球上で生物が生息できるような条件を極めて広い範囲に拡大してみると，木星や土星の衛星に生命が存在する可能性を，除外することはできなくなる．地球上でこのような環境を提供する場所として，地殻の非常に深い部分や，南極のドライバレー，海底の熱水噴出口などが挙げられる．これらの条件については，すでに前の章でも取り上げているが，似たような条件は巨大惑星の衛星に，いくらでもみられるはずだ．

木星の衛星について初めて詳細な調査を行ったのは，1979 年の探査機「ボイジャー」だった．そして 1997 年には，探査機「ガリレオ」が打ち上げられ，衛星をさらに詳しく調査している．イオは直径 5,640 km の衛星で，火山活動を活発に行っている[1)]．そのなかには，細菌の活動から生成された気体によって，高圧の空洞が膨張して引き起こされた[*2]，と思われるものもある．エウロパ（直径 3,130 km）の，氷に覆われた表面にできているモザイク状のひび割れは，地表の下に微生物が生息できる海洋が存在することを示しているのかもしれない．これらのひび割れは，木星によって起こる潮の干満が作ったものである．木星の潮汐作用は，エウロパを熱し，その内部を温かな液状に保つのにも役立っている．1997 年に探査機「ガリレオ」に搭載されたカメラが，ひび割れのクロースアップ撮影に成功した．ひび割れの周囲は，有機物の色素によって縁取られているように見え，なめらかな暗い色のところや暗い点が点在しているところがある．これは，微生物を豊富に含む水が，ひび割れから滲み出してきて，比較的最近になって，また凍りついたものだろう[*3]，と考えられる．これらの発見は，エウロパには地下海が存在するだけではなく，そこには微生物が生息していることを，さらに裏付けるものである．

さらに最近になって，「ガリレオ」は，木星最大の衛星であるガニメデに関し，新たな発見を行っている．接近して観測した結果，ガニメデの表面の凍りついた領域では，エウロパと大体似たような隆起やひび割れが網の目のようにできていることが明らかになった．氷の地殻変動や火山活動が，おそらくは微生物

[1)] 木星の潮汐作用による．

[*2] このような主張は聞いたことがない．

[*3] 一般には塩分と考えられている．

[*4] このような主張は聞いたことがない．

を媒介として*4，ガニメデの地表面で起こっているように思われる．また，ガリレオの分光スペクトルにより，ガニメデの表面で複雑な有機シアニドが検出されており，生命との関連性を示すものであると考えられている．

将来的に重要と思われるプロジェクトとして，カリスト，エウロパ，ガニメデという，木星の三つの氷の衛星の全てを探査する計画がある．2012 年に ESA（欧州宇宙機関）は，このプロジェクトに対する資金提供を承認している．これら三つの衛星には，海流のように温かい液状の地下の海が存在し，したがって，生物の生息場所となる可能性がある．残念ながらこのミッションは，あと 10 年は開始されない．そうすると，木星到着は 2030 年になると思われる．しかし，そのときにはきっと天文学的に重要な新発見がもたらされるに違いない．

土星の衛星については，現時点ではまだよくわからない点が多い．しかし，微生物が存在する可能性は濃厚であると思われる．1997 年 10 月に開始されたカッシーニ・ホイヘンス計画では，2005 年に土星の衛星タイタン（直径 5,150 km）に着陸船と周回探査機を送っている．このミッションにより，衛星タイタンに生物が生息できるかどうかに関する，多くの情報が集められた．タイタンは，太陽系で唯一の分子状水素（molecular hydrogen）と有機化合物を豊富に含む[2]，化学的に活性化した大気に全体を覆われた衛星である．また，地表下層には，水とアンモニアが液体で存在するらしいと考えられ，そのため，生物発見の期待が高まっている．2010 年，カッシーニ・ホイヘンス計画のデータを分析した科学者グループが，タイタンの大気の異常性を報告した．その一つは，地表近くには大量のメタンを含んでいることである．このことは，メタン生成細菌が存在する可能性を示している．

[2] 主成分は窒素．

第 10 章

系外惑星の探索

Search for Exoplanets

ギリシア時代から存在する系外惑星論

太陽系以外に外惑星が存在する可能性に関する主張は，はるか昔にまで遡る．ソクラテス以前の哲学者である，キオスのメトロドロス（BC 400 頃）は，「広い畑に，麦の穂がたった 1 本しかないのは不自然であり，無限の宇宙に，生物の世界が一つしかないのも不自然だ」と記している．また，古代ローマの詩人，ティトゥス・ルクレティウス・カムス（BC 99 頃 - BC 55 頃）は，「宇宙には，唯一無二のものは存在しない．したがって，宇宙のかなたにほかの地球があって，そこには異なる種類の人類や動物が存在するはずだ」と記している．インドやアジアの哲学では，先史時代から，多世界という発想が受け継がれている．3,000 年以上も前に書かれたヴェーダでは，似たような宇宙論が展開されている．それは仏教の経典に要約されている．例えば，スリランカのブッダゴーサが紀元 430 年にまとめたテーラヴァーダ（上座部仏教）の教典『清浄道論（*Visuddhimagga*）』にはこう書かれている．

> ……この太陽と月が，光りながら回転し，空間を照らしているように，宇宙は，その何千倍もの広がりをもっている．そこには，何千もの太陽や何千もの月が存在し，生物が住む何千もの地球が存在し，何千もの天体が存在する．これを，何千倍もの小世界体系と呼ぶことにしよう…….

ここでは，太陽以外の恒星の周りを，生物が生息する地球と，月が無数に回っていることが，明確に述べられている．

地球中心でなく太陽中心であるという主張

西欧で，ギリシア・ローマ時代以前と似たような主張が登場するのには，コペルニクス革命の成就を待たなければならなかった．イタリアの修道士だったジョルダーノ・ブルーノ（1548 - 1600）は，『清浄道論』に記された意見に深く共鳴した．またその時代にもてはやされた太陽中心の世界観の先駆けとなる，新たな発見から刺激を受けた．しかしブルーノは，太陽などの恒星の周りには地球などの惑星が回っていることだけではなく，そのような惑星には人間の知らない生物が存在すると提唱した．これは，制約の多いコペルニクス・モデルの先を行った主張である．

> 太陽が無数に存在し，その周囲には無数の地球が太陽の周りを回る７つの惑星と同じように回っている．そしてこれらの地球には，生物が存在する．
> （Giordano Bruno, *De l'Infinito Universo et Mondi*, 1584：清水純一訳『無限，宇宙および諸世界について』岩波文庫，1982 年）

『清浄道論』に語られた内容は，ヒンドゥー教や仏教の文化的許容範囲に含まれるものであった．それに対しブルーノの見解は，西欧社会で支配的であったローマ教皇の教義と相容れるものではなかった．ブルーノは，不敬虔であるとして異端審問にかけられ，火刑に処せられた．

そして，系外惑星の科学的探査が実施されるまでに，ブルーノの処刑からまる 450 年もかかった．ハッブル宇宙望遠鏡が撮影した画像により，形成されつつある惑星系が発見された．それは原始惑星円盤を真横から見たようなもので，以後数多くの原始惑星系円盤の存在が，明らかにされている．例えば，図 10.1 は，がか座 β 星の円盤を真横から見たものだ．

系外惑星の発見に必要となる新技術

系外惑星を望遠鏡で検出するために，現代天文学は，その究極の技術を求められるようになった．例えば，われわれの太陽系と同じような惑星系が，太陽

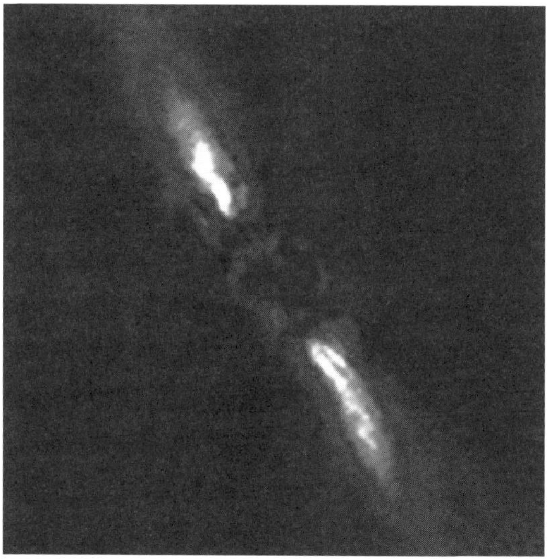

図10.1　がか座β星（新しく形成されつつある惑星系を真横から見た姿）.

系から最も近いαケンタウリのごく周辺に存在しているとしてみよう．その惑星系のなかで木星に相当する惑星は，その中心となる恒星から1分角しか離れていない．ということは，たとえ現時点で最高の解像度をもつ望遠鏡を使ったとしても，中心の恒星円盤から放射される可視光のために見分けることができない．系外惑星を間接的に検出する方法が開発される必要があった．

惑星が恒星の周囲を回っている場合，ニュートン力学によれば，その惑星も恒星も共通する質量中心の周りを回っているはずである．太陽のような恒星の周囲を回っている巨大惑星（木星のような）であれば，一般的に，そのときの質量中心は惑星と恒星とを結ぶ直線上にあり，恒星の中心からずれた所に存在すると考えられる．

「恒星のゆらぎ」の観測による系外惑星の発見

1960年4月，ピーター・ファン・デ・カンプは，太陽系から6光年離れた，かすかに光るバーナード赤色矮星の周囲を回っている二つの巨大惑星を発見したと主張した（van de Kamp, 1962）．ファン・デ・カンプの主張は，恒星が受けている観察されない惑星の，重力の綱引きの観察に基づいている．離れた場所にある恒星に対して観察している恒星が周期的にゆらいでいることを発見したということである．ファン・デ・カンプによる，このようなゆらぎの発見は，1970年代には，機器の影響によるものだとして否定された．しかしながら，その当時でも，より小さい惑星がバーナード星の周囲を回っている可能性を除外することはできなかった．ファン・デ・カンプの先駆的な研究と，その土台となった，見えない惑星を効果的に検出するための「恒星のゆらぎ」という発想は，1990年代半ばには，系外惑星を検出するという新しい科学を生み出す基礎になった．

恒星のゆらぎを発見する方法は，恒星が観察者に近づいたり遠ざかったりするときの，恒星のスペクトル線における周期的なドップラー遷移の探求へと拡張された．このドップラー遷移を利用した技術（視線速度法）が，1990年代半ばから，木星クラスの巨大惑星がその周囲を回っている恒星の動きを検出するために使用されるようになり，成果を上げている．αケンタウリからわれわれの太陽系を観察するとすれば，木星による太陽のゆらぎが，このような動力学的効果によって検出されると思われる．恒星（太陽）と惑星（木星）は，共通の質量中心の周囲を，惑星周期（11.9年）で回転しており，この影響は，天空での恒星の見かけの経路上に，小さいながらも周期的なドップラーゆらぎとして観察される．

ミシェル・マイヨールとディディエ・ケロスは，このドップラーゆらぎの技術を使用して，多くの系外惑星系を発見している．その最初の発見となったのは，太陽系から50光年離れたペガスス座51番星の周囲を回転している，木星ほどの質量をもった惑星である（Mayor and Queloz, 1995）．

系外惑星の発見に次々と開発される新しい観測方法

しかしながら，この技術は，中心の恒星から比較的近距離にある，木星ほどの質量をもった惑星を発見するためには効果的であるという，強力な選択バイアスがある．最近になって，ヨーロッパ南天天文台（ESO）の3.6 m天文台に，超高感度の惑星探査分光器HARPSを装着することで，このバイアスから解放された．この機器により，これまでに海王星や地球クラスの惑星が数多く発見されている．望遠鏡に映った画像を記録する電子センサーに，引き続き改良が加えられ，恒星の光の強度の微小なゆらぎを解明するためのコンピュータ・ソフトウェアが開発されたことで，惑星の検出はまさに新たな時代を迎えようとしている．特に，生物の生存を支える能力をもった，われわれの地球と似た，さらに多くの惑星を発見することを目的とする，より優秀な機器の発明や，その他の技術の開発競争が続いている．

重力マイクロレンズ法による観察への期待

重力マイクロレンズ法も，系外惑星を検出するための方法として使用され，ある程度の成功を収めている．重力レンズというのは，恒星惑星系の重力場がレンズの役割を果たして，背後のまったく同じ方向にある遠く離れた恒星からの光を増幅させる作用のことをいう．恒星の相対運動のため，レンズ効果は僅か数日という，短期間しか続かないことが多い．もし公転する惑星が存在すれば，恒星によるレンズ効果が引き起こす振幅ピークの範囲内に，一瞬のスパイクが現れる．

このような事象が，過去 10 年間で，何と 1,000 回以上も観測されている．もし，レンズの役割を果たしている恒星が，惑星を伴い，観察する側から最も前面に位置しているなら，その惑星自体の重力場は，目に見える形でレンズ効果に寄与する可能性がある．このような状況は，あまり起こり得ないことなので，惑星による微小レンズ効果への寄与を検出するためには，遠く離れた多くの恒星について継続的に監視をする必要がある．銀河中心には，背後に数多くの恒星があることから，この方法は，地球と銀河中心との間に存在する惑星の発見に，有益である．

ハビタブルゾーンの条件を満たす惑星

恒星の周囲にあるハビタブルゾーンは，生物が必要とする環境を惑星が維持できるだけの，軌道距離の範囲として定義される．当然のことながら，地表または地表近くで水が液体となるための要件や，理想的には，生命が進化できるだけの期間にわたって大気を維持できる条件を満たすような，惑星が存在できるという領域である．惑星があまりにも恒星に近ければ，表面温度は液体の水の臨界値を超えてしまうだろうし，恒星から遠すぎれば，水は凍って氷になってしまう．安定して生物が生息できる惑星環境として，木星規模の惑星に近すぎないことも挙げられる．なぜなら，その惑星との相互作用によって重力的な摂動をうけ，非常に短期間で外側や内側に移動する（ハビタブルゾーンを外れる）ことになりかねないためである．

水が液体の状態でいられるのは，1気圧（地球の海面での気圧）下で0～100℃までの間である．大気による温室効果など，複雑な要因を無視できるのであれば，地球のようなハビタブルゾーンは，単に，有効温度が273～373 Kの範囲となるくらい恒星から離れた場所と定義してもいいだろう．太陽の場合だと，この条件に当てはまるのは，ハビタブルゾーンの軌道距離が0.8～1.5 auの範囲のときである．その他の恒星で該当する範囲は，$r \propto L^{1/2}$という式で簡単に算出できる[1]．さらに主系列星については，恒星の光度は，Mを質量として$L \propto M^{3.5}$であるから，$r \propto M^{1.75}$と表すこともできる．恒星周辺のハビタブルゾーンに関する，より現実的なモデルについては，フランクほか(2003)が提唱をしており，大気の温室効果といった要因も考慮されている．

NASAによる系外惑星探査

NASAによる，系外惑星探査のための「ケプラー計画」は，2009年に開始された．このミッションは，惑星が恒星の前を通過するときに起こる，僅かな光度の変動を測定するもの[2]である．太陽と似た恒星からの，ハビタブルゾーンに存在する地球ほどの大きさの惑星を探し出すことを目的とする．探査機の運用開始から5カ月間で，半径が木星程度から海王星程度のものまで，合わせて五つの新しい惑星が発見された(Borucki *et al.*, 2010)．2013年11月までには，2,740個の系外惑星候補が確認された．その大きさと質量の分布を，図10.2に示す．

発見されたこれらの惑星の多くは比較的小さな惑星で，銀河系では極めてありふれたものと思われる．そのなかでも興味深い発見の一つは，地球から1,200光年離れた，五つの惑星をもつ惑星系，ケプラー62である．これら五つの惑

---

1) rは軌道距離，Lは中心の星の強度．

2) トランジット法という．

星のうち，二つは地球と同じくらいの質量で，生命を維持することが可能であると考えられている．

一般的に，質量が 0.1 〜 0.6 太陽質量の赤色矮星は，長期にわたって生物が生息可能な惑星の主星として最適であると思われる．典型的な赤色矮星の光度は，太陽の 0.1％（太陽の光度の 0.01 〜 3％）しかないものの，母星に十分近いところに軌道をもつ, 生物の生息に適した系外惑星が存在する可能性はある．このような天体では，温室効果ガスと自転と公転の同期とが組み合わさることで，半球面は常に温暖で生物の生存に適した環境となり，生物が繁殖する可能性がある．最近, ラヴィ・コッパラプほか（2013 年）や, ドレッシングとシャーボノー（2013）は，表面温度が 2,600 〜 7,200 K の M 型矮星は，以前に考えられていたのよりも恒星から離れた場所に，ハビタブルゾーンが存在すると主張している．これらの赤色矮星のハビタブルゾーンに関して，修正された基準を

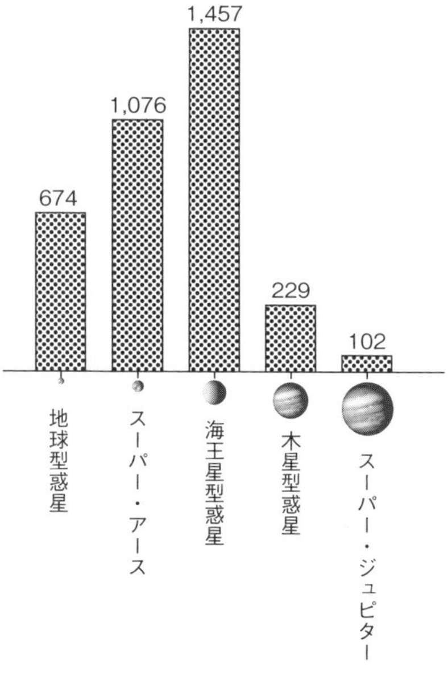

図 10.2　ケプラー計画で 2013 年 11 月までに発見された系外惑星候補の大きさ［地球型惑星 = 1.25 R_E（地球半径）未満，スーパー・アース = 1.25 R_E 以上 2 R_E 未満，海王星型惑星 = 2 R_E 以上 6 R_E 未満, 木星型惑星 = 6 R_E 以上 15 R_E 未満, スーパー・ジュピター = 15 R_E 以上］.

適用することで，M型矮星がハビタブルゾーンをもつ割合は，約50％にまで上昇する．

系外惑星探査機「ケプラー」によって発見された，M型矮星の周りの小型惑星という限られたサンプルから推定してみると，これらの試算値は，この銀河系全体で，M型矮星のハビタブルゾーン内に存在する地球型惑星が，1,000億個以上存在するかもしれない，ということを示している．そして，これらの恒星自体の総数は，銀河系全体で約1,000億個である．つまり，われわれの銀河系に存在する赤色矮星は，それぞれ平均1個の地球型惑星を伴っているということである．さらに，われわれの太陽系は赤色矮星に取り囲まれている．赤色矮星は，非常に低温で暗い恒星であるため，肉眼で見ることはできない（明るさは太陽の1,000分の1にも満たない）．このため，このような近接する惑星系は，非常に近い場所，おそらくほんの数光年のところにあるかもしれない．

地球のような惑星は，宇宙にいくらでもある

NASAは2017年に，TESS（トランジット系外惑星探査衛星）の打ち上げを計画している．この衛星は，地球型惑星から巨大ガス惑星まで，さまざまな惑星を探査し，50万個近くの恒星を監視することを目的としている．ESA（欧州宇宙機関）のダーウィン計画（本書の執筆時点では保留[3]）は，四機の「互いに独立して航行する探査機」（free flying spacecraft）によって，ほかの恒星の周りを回っている地球型系外惑星を探す，という計画である．このうち，三機の探査機は，直径が3～4 mの，正確な集光器を搭載することになっている．また，探査機はこれらの鏡を組み合わせて，非常に解像度の高い画像を提供することができる．天文学者が惑星を探すときに利用する可視光線は，地球の大気で吸収されてしまう．そのため，宇宙からの観測には大きな利点がある．恒星の可視スペクトルは惑星の何十億倍も明るいため，ダーウィン計画では赤外線スペクトルの特性を調べることになっている．このようにすれば，恒星と惑星とのコントラストを何千倍も増加させ，系外惑星を比較的容易に検出することになると期待されている．赤外線波長を観測することの別の利点は，地球上の生命の存在は，赤外線によって，より容易に検出される，という点である．探査機

[3] ダーウィン計画は計画段階で終了した．

「ダーウィン」は，地球の大気に含まれているのと同じ，生命の存在を示す気体（酸素，二酸化炭素，メタンなど）が，その他の系外惑星に存在していた場合に，それを分光的に検出することできる．

われわれの太陽系のような惑星系がごく一般的に存在するという事実によって，この宇宙は，思いのほかありきたりの法則にしたがっているということがようやく確認されるかもしれない．もしそうなれば，生命が存在する惑星や，われわれの「太陽系」と同じ惑星系が極めてありふれたものであることは，近いうちに明らかになるだろう．となると，生命の誕生という，まったくありえないような出来事が，あらゆる惑星で独自に繰り返される必要性はなくなる．パンスペルミア説によれば，宇宙の生命の遺産は，生物の生存に適した彗星や，衛星や，惑星の形成と同時に，宇宙空間からいつでも与えられる（移植できる）ように常に準備が整っているからである．

彗星が放出する塵粒子と細菌の赤外線特性の一致

彗星パンスペルミア説では，彗星から微生物や微生物の小さな塊が排出され，惑星にまき散らされることを想定している（Hoyle and Wickramasinghe, 2000）．この仮説を裏付ける直接の証拠は，1986 年 3 月 31 日に，ハレー彗星が最終的に近日点に到達したときに，初めてもたらされた．図 4.4（第 4 章）に示した点は，アングロ＝オーストラリアン天文台の望遠鏡で観測された，ハレー彗星の核の周辺を取り巻く，小さな粒子雲の赤外線放射を表している．（凍結乾燥）細菌モデルと，この観測結果とは，驚くほどに一致している．少なくとも，ハレー彗星から放出された塵粒子には，細菌と同じ赤外線特性があることはいえそうである．また 1986 年の 3 月 3 日と 4 月 1 日にも，ハレー彗星の周囲の粒子からの赤外線放射が測定されている．いずれの日も，3 月 31 日の放射よりも弱かった．3 月 31 日に観測された総質量が約 100 万 t と推定される粒子雲は，その 12 時間ほど前にハレー彗星から放出されたもので，この雲は，4 月 1 日までには大きく広がって，周囲の宇宙空間に消散したと考えられる．したがって彗星は，毎日約 100 万 t もの細菌を放出する可能性があると思われる．つまり 10^{25} 個もの細菌が放出されるのである．

彗星から放出された，これほど大量の微生物は，適切な条件の下で，ほんの数光年しか離れていない，近接するその他の惑星系に到達する可能性がある．細菌，または細菌の塊に太陽光が入射すると，運動量の移動，つまり運動量 $h\nu/c$ をもつエネルギー光子 $h\nu$ によって，放射方向に，外向きの圧力 P が作用する．恒星の重力 G は逆向きの力を及ぼし，これら二つの力はいずれも，恒星からの距離に反比例して変化する．この P と G の比率が崩れた場合，これらの粒子は，全て太陽系から放出されることになる．普通，彗星から放出される細菌の塊は，毎秒 30 km の速度で拡散することが示される（Wickramasinghe *et al.*, 2010）．最も近い恒星への距離は，4 ～ 5 光年と推定されるので，この距離を移動するのにかかる時間は，僅か数万年である．

この間に，星間空間からの低エネルギー宇宙線の低レベルの照射にさらされたとしても，細菌（枯草菌など）の生存可能性の減少は，無視できる程度と思われる（Horneck *et al.*, 2002，Lage *et al.*, 2012）．厚さが，僅か 0.02 μm の炭化物質の外層は，宇宙環境にさらされることで自然に形成され，日焼け止めのように紫外線から内部を保護する役割を果たす．ハレー彗星のような彗星が近日点に接近するとき，10^{26} 個の細菌が放出されると推定されるが，そのうちの一部が近くの惑星系に感染し定着する機会は，非常に多いと思われる．たとえば，太陽系などの単一の点放射源に，このことが起きたと考えた場合，以上のような段階的な過程によって銀河系全体が感染するのに，100 億年もかからないだろう．これは銀河円盤内にある，質量の小さい恒星の寿命に相当する期間である．

恒星を周回しない自由浮遊惑星の存在と役割

前述の議論では，母星の周囲を回る惑星についてのみ取り上げた．どんな恒星ともつながっていない自由浮遊惑星が，非常に数多く存在する可能性は，R・シルドゥの先駆的研究（1996）によって初めて提唱された．シルドゥは，遠く離れたクエーサーと，その間に存在する自由浮遊惑星ほどの大きさの物体との間で発生する，重力レンズ効果を測定した．最近では，いくつもの調査グループが，このような天体が銀河系には数十億個も存在する可能性があることを主張している（Cassan *et al.*, 2012，Sumi *et al.*, 2011）．

前の章で説明したような生命の起源に関するモデルによると，生物のいる惑星は，ビッグバンから数百万年以内の初期の宇宙に形成された．これらの惑星は，いわゆる銀河の「失われた質量」の大部分であると考えられる．われわれが最近計算したところでは，このような自由浮遊惑星が，平均して 2,500 万年ごとに太陽系の内側領域を横切り，通過する．その都度，太陽系の生きた細胞を含む黄道塵が自由浮遊惑星の表面に植え付けられる．そしてその自由浮遊惑星には，太陽系内惑星で局所的に生じた生物進化による遺伝子が加わり，それを銀河全体に拡散させるというもう一つの役割があると思われる．（Wickramasinghe *et al.*, 2012）．

第 11 章

地球外知的生命は存在するか

Search for Extraterrestrial Intelligence

地球上の進化の頂点に立つ人間

地球は，何十億もの微生物や，植物や，動物の種が生息する場所である．単細胞の微生物は40億年以上をかけて，現在みられるような生命の素晴らしい光景を生み出すことになった．こうした，進化の積み重ねの頂点に立つのが，ホモ・サピエンスである．今では60億以上の人間が，221の国や地域に分かれて，それぞれの歴史を築いている．しかし2014年には総人口の80％が，やっとの思いで生活しているものと推定されている．人間は，さらに宗教や政治のイデオロギーによって分裂し，そのために，領土や資源をめぐっての競争や対立が絶えない．この点で，われわれ人類は，より下位の生命体と何ら変わるところがない．この類似は，細菌や真菌類のコロニーに至るまで当てはまるものである．

数百万年も前に，われわれの樹上性の祖先は，木から降りてきて，二足歩行を始め，手を使って道具を使うようになった．このような発達は，知性や知的能力の成長とともに，人類が，その他の競争相手よりも効率的に，地球の自然資源を活用する能力を身につけるのに役立っている．この6,000年間で，人類が種として発達したことは，「知性」として認識されるものの，絶え間なきレベルの向上にみることができるだろう．そしてこの数百年で，このプロセスは，かつてないほどに加速している．この50年間をみても，人類は，宇宙探査も含めて，技術を飛躍的に進歩させ，それによって，宇宙の謎を解き明かしている．したがって，このような探求の道が終わりに近づいていると考える理由は，どこにもない．しかし，地球上の知性に関する実験は始まったばかりである．地球外知的生命の探求は，このような背景を考慮して，とらえる必要がある．

SETIの研究

地球外生命の調査は，次の三つの仮説に基づいて行われている．

(a) 地球外生命（Extraterrestrial Intelligence，ETI）は存在する．
(b) 地球外生命との接触を試みることは，われわれの人間としての義務である．
(c) 信号の送受信など，その取り組みに関連する技術は，現に存在する．

現在，地球外知的生命を探すことを目的するプログラム（Search for Extraterrestrial Intelligence）は，略称SETIとして実施されている．SETIを信じる者は，前述の三つの仮説を当然のこととしてとらえる．しかし，予想できることだが，「われわれは宇宙で唯一無二」であるから，SETIは無意味で的外れだと頑強にいい張る者も数多くいる．一方で，第10章で取り上げた最新の天文学研究は，地球のように生物が生息できる惑星が，宇宙には驚くほどにありふれていることを確信させる．そして，またわれわれは，地球上の生物に織り込まれた複雑なタペストリーのような遺伝的構成要素が，宇宙全体に広く行き渡っていることを主張してきた．SETIを疑う者が抱いていると思われる懸念は，今や，次の論点に向き合わなければならない――原始的な生命から知性が発生することは宇宙では極めて稀な，ほとんど起こり得ない出来事である――．このようなSETIに対する疑問が提示されているのにもかかわらず，地球外知的生命の探査は，100年以上も前のずっと早い段階から今日に至るまで続けられている．

ETIとの交信研究

1896年という早い段階で，トーマス・エジソンとともに仕事をしていた電話技師のニコラ・テスラが，無線を地球外文明社会との交信に使用できるのではないか，と最初に提唱している．このような手段による地球外知的生命探査が技術的に可能であることは，少なくとも40年間は疑問の余地なし，と考えられていた．フィリップ・モリソンとジウゼッペ・コッコーニは，初めて宇宙から放出されるマイクロ波スペクトルを探査する可能性に関心を向け，一連の最初の目標と同時に，特定の周波数を提唱した（Morrison and Cocconi, 1959）．1960 年にフランク・ドレイクは，現代的な SETI 実験を最初に行った．この実験は「オズマ計画」と呼ばれ，ウェストヴァージニア州グリーンバンクにある 26 m の電波望遠鏡が使用された．目標に選ばれたのは，くじら座 τ とエリダヌス座 ε という，太陽に似た二つの恒星である．探査は，21 cm あたりを中心とする中性水素線（水素原子が無線波を吸収する周波数）の名で知られる狭い波長帯で開始された．その後は，その他の波長帯や，あるいは多チャンネルでの検出が試みられている．

二つの ETI のメッセージ

歴史的に見て，この 50 年間で ETI の発見だといわれているエピソードが二つ記録されている．一つは判断ミスとして退けられたものの，もう一つは依然として，解決不可能な謎として残されている．一つは 1967 年にジョスリン・ベルとアンソニー・ヒューイッシュが，天空にある点光源から 1 分間に 1 回の割合で脈動する電波源を発見したことである．後に，この電波源はパルサー（PSR B1919 + 21），つまり急速に回転する中性子星という新種の天体であることが明らかにされた．この発見から数週間して（パルサーという天体の性質に由来すると理解されるより以前に）これが確かに地球外知的生命の存在を示すものであるかどうか，その可能性について真剣に議論された．そしてまた，短い間ではあったが，その対応などが真剣な議論の的となった．これをどうやって確認し，検証すればいいのか？　それをどうやって発表すればいいのか？　この発見は，人類を危機にさらしかねないものだろうか？　……などである．

さて，二つ目のもっと重大なエピソードは，「〝Wow!〟シグナル」というニックネームがつけられたものだ．これは，1977 年 8 月 15 日，SETI プロジェクトに取り組んでいたジェリー・エーマンが，アメリカのオハイオ州にあるビッグイヤー望遠鏡で発見した，短時間の強い電波放射である．いて座の方向から放射されている信号の強度は，72 秒の間で強くなり，また弱まっていることが観測されている．この信号について，観測された特性と一致するものは地球上ではほとんどありえない，と考えられた．もしこの信号が実際に宇宙から発信されているとすれば，今まで知られていなかった天文物理学的現象（パルサーの場合のような）か，傍受された宇宙人の信号か，ということになる．望遠鏡が向けられていた方角の，最も近くにある恒星は，地球から220光年は離れている．これと同じ恒星が，30年以上にわたって調査されているものの，謎の信号は二度と発信されていない．

最近になって，可視光線の波長帯に注目しよう，という気運が高まっている．これは，われわれよりも進んだ文明をもつ地球外の隣人には，もっと便利なレーザー信号を使っていた者がいるかもしれない，という信念に基づいている．可視光線によるSETIという発想は，シュワルツとタウンズとによって提唱された．しかし，その観測を展開しても，これまでのところ何の結果も導き出されていない（Schwartz and Townes, 1961）．

フェルミのパラドックス

実行可能性と動機付けとに関してはさておき，ここでは，SETIに対して否定的な事例となりうるものについて簡単に吟味してみよう．1950年代にエンリコ・フェルミは，技術の進んだ文明が宇宙にいくらでも存在するとすれば，簡単に発見されるはずだし，今までに発見されていてしかるべきだ，と述べている．そのような文明の存在が見えも聞こえもしない，そのことのほうが，おそらく謎なのである．この単純な事実は，SETIに対する反論として使用されうるかもしれない．これが，いわゆるフェルミのパラドックスである．このパラドックスは，単純な生物（微生物など）が宇宙に豊富に存在する一方で，知的生命，さらにいうならば多細胞生物は非常にまれである，という論拠を示すことが一つの答えとなり得る．しかし，筆者の考えでは，このフェルミのパラドックスには論理的根拠はまったくなく，また入手可能な事実にもまったく反するものといえそうだ．

反SETI論者の考え

反SETIの立場を取る者は，自分を守るために，次のような論で表面をつくろうことがある．SETIを可能とする知性と技術は，約40億年にもわたる地球の生命の全ての歴史に対して，ほんの数千年の期間だけで生じたものである．少なくとも表面的には，このような知性が誕生する可能性は 100 万分の 1 といえそうだ．ということは，いついかなる瞬間でも，必要なレベルの知性をもつ知的生命が生存する惑星を伴う恒星が存在するためには，銀河全体でも，せいぜい 100 万個あればいい，ということになる．この推定は，さほどの過小評価ではないかもしれない．しかし，批判はさらに続く．批判者は，地球の知的生命の誕生は，ほとんど起こりそうにもない，複数の偶然が何度も続いて起こる，ランダムな出来事の，最終的な結果だという．そのごく僅かな可能性を数千倍しても，地球外知的生命（ETI）が存在する確率は無視できるほどに低いという結論になる．というわけで，地球は宇宙全体で知的生命が存在する唯一の惑星となるかもしれないという主張となる．

知的生命の誕生は，宇宙の必然

本書で展開してきたパンスペルミア説は，まったく異なる観点から，SETI の論理を回復させるものである．宇宙において最初の生命が発生する可能性は極限的に低い．したがって，宇宙の歴史全体で，たった 1 回しか起こり得なかったという話をしてきた．この起源論にとって最良の環境は，空間的に無限の宇宙，最大の望遠鏡を使っても見えないくらいの広さをもつ宇宙，という環境であろう．極めて低い可能性のなかで，あるとき複製可能な原始細胞が，どこかで誕生する．そして一旦誕生すると，適切な天文学的環境下での複製によって，最初の細胞の莫大な数のコピーが生み出されることになる．生物の途方もない複製能力が大いに発揮されるのは，まさにこのときである．

このモデルによれば，生物学的に大きな革新というのは地球上ではいまだかつて起こったことがない，ということになる．地球は，単に宇宙からやってきた遺伝子の受け入れ基地であって，そこで宇宙由来の遺伝子がアセンブルされ，進化して，その頂点となるホモ・サピエンスが誕生したのである．生命の起源に関するこの見解では，少なくとも基本となる遺伝子に関しては，銀河系内でも，あるいは宇宙に存在する全ての銀河であっても，この遺伝的プロセスが継続的に行われる方法にほとんど差はないものと想定している．他の恒星の周りを回っている惑星でも，地球で起こっているのと同じように宇宙の遺伝子が受け継がれるプロセスが存在する.そのため,生物は必然的に宇宙全体に行き渡っている同じ遺伝子から生まれ，生息に適したあらゆる惑星で発達することになるだろう．少なくとも人類のレベルに匹敵するような知的生命は，宇宙の進化のパッケージに必然的に組み込まれている部分であって,生物の生存に適した,あらゆる惑星での進化の歴史には必ず登場するはずである．それは意外に早い段階で発生するかもしれない．その生存は短期間かもしれないし，非常な長期間かもしれない．それは，その環境などの状況による．しかし，生命そのものの誕生と同じように，知性の発達も，宇宙の避けられない運命のようなものである．話を単純にするならば，進化というのは，宇宙からやってきた設計図に従うということであり,いたるところで同じ結果が発現されているはずである.これは例えば，地球上での生命の発達において，少なくとも三度は独立して起こった，眼の発生の場合に当てはまる．したがって，宇宙規模での知性の発達も同じことでなければならない.

SETI に足踏みする公的機関

1971 年，NASA（アメリカ航空宇宙局）は，フランク・ドレイクを中心とする SETI プログラムに資金援助を行った．しかしながら，最近になって，資金面の制約や競合する優先度の高い研究のために，このような研究に対する施設支援は立ち消えとなっている．1,500 基の皿形アンテナを連携させて電波望遠鏡を構成する，通称「サイクロプス計画」を提案する報告書は，1970 年以来,何度となく議論がかわされたものの，この計画の完全な実現は依然として見果てぬ夢のままである．このサイクロプス計画を，より小規模にして後を引きついだといえるのは，アレン・テレスコープ・アレイ（ATA）である．これは,以前には 1 ヘクタール望遠鏡と呼ばれていたもので，現在，カリフォルニア州北部にある,ハットクリーク電波天文台で建設が進められている.現在 ATA は,民間組織のスタンフォード研究所が施設の支援と管理を行っている．最終的には，350 基のアンテナを連携させ，さまざまな波長をスキャンして，知的生命の信号を検出するために一番よい方法を用いるという計画である．しかしながら,この計画は 2007 年からアンテナ 42 基のみで運用が開始されているものの,おぼつかない足取りで公的機関を次から次へと渡り歩いているような状態だ.

どこの政府機関や大学も計画へ関与し続けることを渋っている．したがって，このような革新的な科学を公的資金が支援することは期待できない．このような問題に対して決断を下す科学界の権威者たちもまた，科学の様相を一変させる可能性のある発見が現実のものとなることを，無意識のうちに恐れているのかもしれない．

有望な ETI との交信技術

この特殊な計画が生き延びているのはなぜなのか，考えてみよう．すると，科学が何らかの権威に対する遠慮によって，容易に抑えつけられてしまうものではない，ということがはっきりする．0.5 ～ 11.2 GHz まで広範囲にわたって，瞬時に周波数をカバーする ATA の利点が発揮され，まもなく「"Wow!" シグナル」が確認されるのではないかという，楽観的な希望を抱くことができる．これは確かに，人類の文明の歴史を通じて最も重要な成果といえるだろう．

電波による SETI と光学的 SETI（OSETI）とが，現時点で，地球外知的生命の探査に最も適した方法とされている一方で，それらに代わる方法としての，生物学的 SETI に対する関心が高まっている．例えば，ウイルスのゲノムを解読できれば，そこからコード化された情報を入手できるかもしれない．ウイルスが天文学的距離をはるばる移動するというのは，極めて現実的な見解であると思われる．そのため，知的生命からのメッセージは，原則的にはウイルスのゲノムによって運ばれるかもしれない．そして，細菌やウイルスが，知的生命の信号の送信機の役割を果たすこともあるだろう．

意図的パンスペルミアの可能性

前の章で，フランシス・クリックとレスリー・オーゲルの地球上に生命が誕生したのは意図的パンスペルミアによるという説を紹介した．つまり，生命の起源は，太陽系外の宇宙から知的生命によって意図的に操作された，細菌やゲノムの飛来の結果であるという説である（Crick and Orguel, 1973）．このためには，炭素系の生命についての青写真を，意図的に作成できる程度の遺伝工学の知識をもった知的生命，あるいは超知的生命が存在していなければならなくなる．このような知的生命による生命の青写真の「作成」は，一見したところでは，こじつけのように思われるが，まったくありえない話ではない．2014年の段階で生化学者は，限定的ではあるが，実際に遺伝子を操作することができる．おそらく，今から数百年後には，人体生化学者が遺伝子コードや生命に関する重要な遺伝子群を設計し，それを例えば，ウイルスや細菌という形で，宇宙全体にまき散らすことができるかもしれない．すでに取り上げているとおり，細菌粒子は，恒星からの放射圧によって容易にまき散らされるほどの大きさであり，数光年の距離を移動することができる．この距離は，M型矮星の周囲の生命の生存しうる惑星間の平均分離距離として，最近算出されたものである（Kopparapu *et al.*, 2013）．

遺伝コードに含まれているかもしれない意図的パンスペルミアのメッセージ

前の章で，生物の機能は，アミノ酸の鎖によって形成される一組の酵素（タンパク質）によって大きく左右されるという話をした．生命にとって非常に重要なのは，その鎖に含まれる，アミノ酸（生物学的に重要な20種類のアミノ酸）の配列である．そして，DNAおよびmRNAという遺伝物質により保持され，伝達されるのは，まさしく，この遺伝コードの情報なのである．

DNAやRNAの生命の情報は，4種類の窒素含有環構造の塩基の，正確な対と呼ばれる配列のなかに含まれている．DNAは，アデニン（A），グアニン（G），チミン（T），シトシン（C），RNAは，チミン（T）の代わりにウラシル（U）の四種類である．コーディングは塩基の配列によって決まるが，その配列は単一のものではなく，コドンと呼ばれる三つの塩基配列である．ほぼ例外なく，それぞれのコドン（トリプレット）は，20種類のアミノ酸の一つをコード化する．例えば，UGCという三つの塩基配列であれば，必ずシステインというアミノ酸をコード化するし，GCAはグリシンをコード化することに決まっている．

このコードがどうやって始まったのかは，常に謎とされていた．『イカルス』誌に最近掲載された，シチェルバークとマクコフの論文（2013）には，興味深い考えが述べられている．遺伝コードのなかに，無作為なダーウィン的進化によって説明することのできない知的メッセージが，数学的および意味論的なメッセージという形で含まれている可能性がある，というのである．シチェルバークとマクコフは，遺伝コード自体は，生物全体にまたがるゆるぎのない永続性をもった概念であり，これが一度決定されれば宇宙的時間尺度にわたって変化することはないだろう，と指摘している．したがって，遺伝コードの厳格な不変性は，知的生命の信号を保管する方法として信頼性の高いものである．

遺伝コードは「象徴言語」か

ここで言いたいことは，ヒトゲノムを統計学的に分析すると，核子の数によって決定される核酸とアミノ酸との配置には，完全な秩序正しさが示されていることである．そして「コードの簡素化された配列は，象徴言語であることを示す，演算的，表意的なパターンの組み合わせである」ことが提示されている．また，この分析には，十進表記法，論理変換，シンボルとしての，ゼロの使用が含まれていることが主張されている．これがいずれも偶然に生じたものであるという仮説は，推定確率が 10^{-13} 未満という理由から退けられる．しかしながら，その根底にあるメッセージが意味するものは，まだ明らかにされていない．それでもシチェルバークとマクコフは，SETI 型のメッセージを送信するのに，遺伝コードが使用された可能性があると主張している．このことは，前の章で取り上げたパンスペルミア説と一致するだけではない．それに加えて，コード生成そのものを行ったと思われる，知的生命の介入が存在したことを意味するのかもしれない．

ETI との出会い

SETI 計画の利点を評価するという意味で重視される数値に，銀河系内に存在する，通信手段（電波など）をもった文明の数がある．銀河系には，生物の生存に適した惑星系が，推定で 1,000 億あるとされている（第 10 章を参照）．

そのうちの 10％には，地球のように，知的生命出現の可能性のある惑星が存在すると仮定する．すると銀河系には，知的生命の生存に適した惑星が 100 億個もあると推定できる．ここで，かの有名なドレイクの方程式を紹介しよう．L を，知的生命が 100 億年の寿命の惑星において，SETI プログラムを実施することができる平均年数とする（L/100 億年）．それに惑星の数をかけることで，惑星間での通信を行いうる知的レベルにまで進歩した知的生命が存在する，地球に似た惑星の数の推定値が求められる.

したがってその総数は，そのような文明が存続できると思われる年数と大体同じになるだろう[1]. われわれ人類の経験からすると，人類がSETIを行える能力は，最長でも100年である. われわれの技術の進歩の段階はというと，破滅的競争へと駆り立てる原始的な本能を抑えられないまま，科学技術が進んでしまったために，自らを滅亡に追い込むという差し迫った危機に，すでに直面している. もし典型的な発展した文明が，必然的に自滅するまでに1,000年かかるとすると，われわれが交信できる銀河系の文明は，僅か1,000しか存在しないことになる. その一方で，自滅までの期間が1,000万年に延長されるなら，交信できる文明の数も1,000万に増えることになる. 地球のような惑星の発展した文明は，恒星または惑星が引き起こす避け難い大災害に妨げられなければ，最長で20億年まで生き延び，発展を続けられるかもしれない. もしそうなら，銀河系内に存在する，進んだ文明の数は数十億にも及ぶだろう. このような文明が，闘争という原始的な傾向を克服し，開明的な平和主義哲学を打ち立てるのであれば，その文明は，自然淘汰のプロセスを経て生きのびることになり，その結果宇宙という舞台を独占するということもありうる.

当然のことながら，電波や，光学や，生物学という手段によって，地球外知的生命体との接触に成功するということは，自分たちよりも高いレベルまで発展した文明との接触が避けられないことを意味する. もしそうであれば，このような接触を通じて多くのことが学べるだろう. その文明社会から，闘争を避ける方法を教えられるかもしれない. 神が存在するとしたら，そのような神の本質を知り，それによって，地球に住む人類の間にある争いや，不和の主な原因を取り除くことができるかもしれない. 地球上で起こるような，ささいな口げんかさえも起こらない，宇宙の宗教を発見することだってあるかもしれない.

そんな接触は恐ろしいことだろうか. 筆者の答えは，当然「いいえ」である. 最初の接触は，人類史上最も重要な瞬間，あるいはもっとも悲劇的な出来事となるだろう. 人類はすぐさま，ほとんど想像もできないくらい聡明な存在になれるかもしれない. それは，まるでネアンデルタール人が，突然現代人と出会ったようなものである. われわれの視野は，果てしなく広がることだろう.

---

[1] （L/100億年）× 100億個の惑星＝L

本書の考えに従うと，われわれと未来の ET（地球外生命）との関係は，われわれと過去のネアンデルタール人との関係と同じようなものである．ET も同じ宇宙の遺伝子から生まれ，同じ遺伝コードを使っている．われわれは，何となくそのことを無意識に感じている．フィクション映画にでてくる ET がそれとなく地球生物と似ていて，それを好きだとか嫌いだとか，われわれがいうのは，まさにそのことを示している．ET は，われわれの想像の中の生き物そのものである．

第 12 章

手がかりは隕石にある

Meteorite Clues

隕石を神聖視した古代

隕石は，数多くの古代文化において神聖なものとみなされ，崇拝されることさえあった．隕石が空を飛ぶ火の玉として目撃されるとき，すさまじい衝撃波を伴うことも多い．人間はその光景に，常に想像力をかき立てられてきた．

ギリシア神話のパエトーンは，太陽神ヘーリオスの息子である．パエトーンは，父の戦車を操らせてほしいと願い出た．ヘーリオスは，しぶしぶ太陽の戦車を任せたが，パエトーンが手綱を手にしたとたんに戦車は暴走を始める．言うことを聞かなくなった太陽の戦車は，進路を変え，地球に墜落して，地上を火の海にした．歴史時代や先史時代に大きな火球が目撃され，それがこのような神話になった．火や，音や，煙や，破壊といった出来事と結びつけられる，巨大な力がもたらした恐怖は，古代社会の共通の記憶として刻み込まれた．そして，そのような出来事のあとに残された隕石が，神の力を象徴する神聖なものとして守られたのも，無理のないことである．

5 万年前に，アリゾナ州に直径 1.2 km にも及ぶメテオール・クレーターを作った巨大な鉄隕石は，それと引き換えに莫大な量の隕石片をまき散らした．その隕石片は，北米の至るところで[*1]出土している．鉄隕石は，鉄の精錬法が発見され，鉄器時代が始まる前の時代には，特にナイフや武器の材料として珍重されたかもしれない．このような人工物は，エジプトのファラオの墓から発見されている．メテオール・クレーターが作られたのと同じ頃，似たような隕石

[*1] そのような事実は認められていない．

か彗星の衝突によって，インドに直径 1.2 km の，ロナー・クレーター[1]が作られたと思われる．このクレ・ターができたのは，5 万 2,000 年前か，その前後 6,000 年の間と最近推定された．ヒンドゥー教の寺院で，シヴァ神に捧げられた聖なる石（シヴァ・リンガ）の多くは，おそらくロナー・クレーターに関係する隕石であると思われる．

宇宙とのかかわりを拒否したキリスト教の時代（中世）

隕石を，神聖なものとして崇拝することは，有史時代の西欧でも広く行われていた．さまざまな寺院で保存している岩が，何よりの証拠である．例えば，デルポイのアポロン神殿に安置されている聖なる石は，ギリシアの神話時代に，クロノスが地上に投げ落としたものだといわれていた．

人類と外部の宇宙とが，彗星や火球や隕石によって結びつけられていることは，古典時代に入ってからも神話や伝統のなかによく表現されている．しかしながら，キリスト教の時代が始まると，この傾向は逆転することになる．その後は，宇宙はいかなる形であっても，人間の問題とかかわり合うことはありえないという信仰が支配的になった．前にも述べたとおり，ジョルダーノ・ブルーノは 1600 年に処刑され，1633 年のガリレオに対する裁判は，宇宙における人間の真の位置に関する，不都合な事実を否定する傾向の幕開けとなった．

17 世紀の終わりから 18 世紀の初めにかけて，フランス科学アカデミーは，農民たちが隕石の落下を何度も目撃したという，あらゆる証拠に対して頑強に否定を続けていた．これと同じような否定的な態度は，アメリカでも広がっていた．例えば，トーマス・ジェファーソンは，1807 年に，イェール大学の教授 2 人から，「コネチカット州で隕石が落下するのを見た」と報告をうけたとき，「空から石が落ちてくることを信ずるより，2 人のヤンキーの教授は嘘をついているということを信ずるほうが，たやすい」と言った，と伝えられている．残念なことに，このような否定的態度はミツバチのダンスのように人から人へと広がり，ほとんどの科学団体やアカデミーが，すぐさま後に続いた．ヨーロッパ中の博物館で保存されていた数多くの貴重な隕石は，破壊されてしまった．

[1] インド亜大陸デカン高原中央部に位置する，直径 1.8km の天体衝突クレーター．内部に閉鎖的な湖（直径 1.2km）がある．推定年代は，監修者のグループの最近の結果によると，約 3 万 7500 年前．

フランス科学アカデミーが過去に否定したことを撤回し，「石が空から降ることはありうるし，事実降ってくる」と認めたが，後の祭りであった．

聖書に残された隕石の落下

隕石が落下したことを記述したらしい古い記録の一つが，聖書に残されている（ヨシュア記10章11節）．ここでは，イスラエル人とアモリ人との争いが次のように記されている．

> 彼らがイスラエルの前から敗走し，ベト・ホロンの下り坂にさしかかったとき，主は天から大石を降らせた．それはアゼカまで続いたので，石に打たれて死んだ者は，イスラエルの人々が剣で殺した者よりも多かった．

宇宙から地球まで落ちてくる石といったら，もちろん「流星」である．流星が落下してくる速度は，真正面から地球に衝突したときには秒速約72 km，追い越し衝突した場合には秒速約13 kmになる．その流星が，まったく損なわれることなく，大気を通過できるくらいの大きさがあれば，摩擦熱で失われるのは外層だけだろう．一方，もっと小さい流星であれば，地表に到達する前に燃え尽きてしまう．

流星物質の突入

任意の大きさの物体が地球に突入する場合，どのような結果になるかは，その物体の質量，成分，空隙率，入射角など，さまざま要因によって左右される．mmからcm単位の小さい流星物質であれば，地上80 kmから150 kmまでの高度[*2]で白熱化する．流星物質の落下速度が速くなるほど，より高い地点で発光を始める．質量が10 kgを超える流星であれば，大気中を通過し，隕石として無傷で地表に到達する．温度が上昇するのは比較的薄い表層だけで，物体の内部は低温のまま保たれる．非常に低温であるために，流星物質のなかには，落下からすぐに回収されたのにもかかわらず，霜が凝結しているものもあった．さらに大きな流星物質だと，空中で多くの破片に飛び散って，石の雨を降らせ

[*2] 流星の発生する高度は80～100km.

ることが多い．

μm 単位の，極めて小さな流星物質は，大気を通過する際でも，それほど加熱されず，ゆっくりと地表面に降下する．前の章でも述べたように，このような粒子は雨滴の凝結核になることが多く，流星雨と，雲のなかに凝結核が発見されることとの間には，時間的な相関関係が成り立っている．mm 単位の流星物質は，大気上層で流星になって完全に燃え尽きてしまう．

流星群

典型的な場合，夜の時間に空に見える流星の数は，一時間当たり平均 6 個から 10 個である．一年の，ある決まった時期に，地球が彗星が残していった塵の軌跡を横切ることがある[2]が，このときの流星の平均個数は，数日間にわたって大幅に増加する．このような状況にあるとき，流星は，放射点と呼ばれる空の一点から放射されているように見える．その位置は，地球が粒子の流れのなかを移動する方向によって決まってくる．放射点の位置が星座のなかにあるときには，その星座の名前が流星群の名前になる．例えば，11 月半ばから終わりにかけて活動極大期になるおうし座流星群は，おうし座のなかに放射点がある．しし座流星群（11 月），ペルセウス座流星群（8 月中旬），みずがめ座流星群（7 月）は，定常流星群[3]の例である．表 12.1 に，このような流星群に関するデータを示す．

表 12.1　定常流星群と，その原因となる母天体．

活動極大期	流星群の名称	1 時間 平均流星数	母彗星
1 月 3 日	しぶんぎ座流星群	40	—
4 月 21 日	こと座流星群	10	1861I（サッチャー彗星）
5 月 4 日	みずがめ座 η 流星群	20	ハレー彗星
6 月 30 日	おうし座 β 流星群	25	エンケ彗星
7 月 30 日	みずがめ座 δ 流星群	20	—
8 月 11 日	ペルセウス座流星群	50	1862III（スイフト・タットル彗星）
10 月 9 日	りゅう座流星群	最大 500	ジャコビニ・ツィナー彗星
10 月 20 日	オリオン座流星群	30	ハレー彗星
11 月 7 日	おうし座流星群	10	エンケ彗星
11 月 16 日	しし座流星群	12	1866I（テンペル・タットル彗星）
12 月 13 日	ふたご座流星群	50	3200 小惑星フェートン？

[2] これが流星雨（群）となる．
[3] 時間が経過して流星物質が彗星軌道上に一様に分布した流星群．

表 12.1 に示した，流星群の原因となる彗星に含まれる流星物質のほかにも，彗星の外殻がひび割れたり，崩れたりすることで，大きな破片が飛び散って隕石になることがある．

おうし座流星群

エンケ彗星の分裂により生じたおうし座流星群の場合は，特に注目に値する．一般におうし座流星群を発生させる彗星の塵の流れは，2 万年から 3 万年くらい昔に崩壊した，巨大な彗星の残骸からできていると考えられている（Ascher and Clube, 1993）．崩壊の結果できた破片の大きさは，半径 10 μm の塵から，ツングースカ大爆発の火球（第 13 章を参照）よりも大きい，と思われるものまでさまざまあり，それが流れのなかに散らばっている．普通の彗星活動のときにも，あるいは時折起こる惑星との潮汐相互作用によっても破片が放出される．このかなりの広さをもった流れのなかを，地球が通過するのに数週間かかるため，流星活動の期間は長く続くことになる．

おうし座流星群の大きな流星物質は，「彗星内部の」高密度の領域を占めていたと考えられている．これらの流星物質は，流星群の母天体の軌道近くに集中した状態を保っている．アッシャーとクリューブ（1993）は，この高密度の彗星の核内部に存在した流星物質の軌道は，数千年にわたって摂動の影響を受けており，その結果，周期的に地球への激しい衝突が発生することになった，と主張している．この彗星がもたらす流星群が，2012 年 12 月にスリランカで起こった隕石事象の原因になっている流星物質の可能性が高いという話は，後の章で取り上げることにする．

流星物質の落下

流星物質のうち，必ずしも彗星の流星群と関係しないものも，かなり定常的な割合で地球上に落下している．このような流星物質が，毎年 2,000 個以上は隕石として落下していると推定されるが，落下場所を追跡して回収できたものは，ごく僅かで，せいぜい 10 個くらいしかない．ほとんどは，海上や遠隔地に落下しているので，誰にも気づかれないのである．隕石の重さは平均数 kg だが，それよりもはるかに巨大な隕石が落下することがある．1969 年にメキシコに落ちたアエンデ隕石の総質量*3は，1,000 kg ほどもあった．また同じ年に，オーストフリアに落下したマーチソン隕石の重さは，約 225 kg である．

隕石の分類

隕石を分類するのは，特定の種類の母天体に共通の起源をもつ標本をまとめることを主な目的としている．母天体には，彗星，小惑星，月，火星などの惑星が含まれるが，分類された隕石は，その分類内ではよく似た特性がある．母天体は，情報が不十分であるために，必ずしも一意的に識別できるわけではない．しかし，化学的特性や鉱物学的特性にしたがって分類をすることで，一般に，単一，または一つのクラスの母天体に，グループ分けすることができる．最も広義に分類した場合，次の 3 種類に分けることができる．

・石質隕石

70 ～ 90 %のケイ酸塩鉱物と，少量の鉄ニッケル合金や硫化鉄からなる．この隕石は，地球上に落下して回収された隕石の 90 %以上を占めている．

・鉄隕石

主にニッケルと鉄の合金からなり，落下が観測された隕石の約 5 %はこの種類である．しかし，識別は極めて容易で，前にも述べたとおり，先史時代に道具を造るのに使用された金属鉄は，鉄隕石から手に入れたものである．鉄隕石は，やはりニッケルと鉄の合金からなる，大きな小惑星や原始惑星の核を起源とする可能性が高い．

・石鉄隕石

鉄とニッケルの合金とケイ酸塩とを等量含む隕石で，小惑星が起源である可能性が高い．

・未分類の隕石*4

もっとも大きな分類となる．ここには，空から落下したものだが，上述のどのカテゴリーにも当てはまらない石が含まれる．このカテゴリーが特に興味深

---

*3 現時点で，採集されたものは 3 t ほどである．

*4 このような分類はない．したがってこの記述は著者ウィックラマシンゲの独自の考えである．一般には，石質隕石にも，普通コンドライト，エンスタタイトコンドライト，炭素質コンドライトなど，さらにはエコンドライト……と細分化されている．

いのは，地球外生命の存在を示す信憑性の高い証拠が，そのなかに含まれている可能性があるためである．2012 年 12 月にスリランカで起こった，おうし座流星群と関連性があると思われる出来事は，このカテゴリーに分類される隕石が原因だったかもしれない．しかし，この特殊な事象について議論する前に，炭素質コンドライトに関する，数十年間の研究について触れておこう．

炭素質コンドライト

炭素質コンドライトは，有機物の形状の炭素が数%が含まれている．そのために炭素質と呼ばれている．最近採用された炭素質コンドライトの分類体系によると，よく知られたプロトタイプに従って，大きく 8 グループに分類され，そのなかでも特にイヴナ隕石とミゲイ隕石が特に重要である．イヴナ隕石は，1938 年 12 月 16 日にタンザニアのイヴナに落下した．また，ミゲイ隕石は 1889 年にウクライナに落下したもので，炭素質コンドライトのなかでも独特なものと見なされている．

炭素質コンドライトのうち，CM コンドライトは，基準標本であるミゲイ隕石に因んで名づけられたもので，水と，芳香族分子，核酸塩基，アミノ酸などの，複雑な有機化合物を含んでいる．その他の炭素質隕石のなかにも，近年，幅広く研究されているものがある．オルゲイユ隕石は，1864 年 5 月 14 日に南フランスのオルゲイユという町の近くに落下した．アエンデ隕石は 1969 年 2 月 8 日にメキシコに，マーチソン隕石は同年 9 月 28 日にオーストラリアのヴィクトリア州マーチソンに，それぞれ落下している．CI1 とか CM2 という数字表記は，水質過程または水変質（長期にわたって水と接触したための変質）の程度を示している．このような変質は，彗星と思われる母天体において，水が豊富にある環境で，おそらく温度が 20 ～ 50℃という非常な低温状態で発生したものである．

放射線年代測定法により，炭素質コンドライトが形成されたのは，45 億年から 47 億年[*5]の間であることが明らかにされている．つまり，地球の地殻よりも確かに古いということである．このような物体が，個々の粒子や分子が固結したときから，非常に穏やかな温度環境に置かれていたことは，ほとんど疑

*5　47 億年という形成年代をもつ隕石はない．

いのないことだろう．そしてまた，500 K 以上まで加熱されたこともない．500 K を超える温度まで加熱されていたとすれば，最初からの化学組成や鉱物組成は変わってしまっていただろう．

隕石内部に含まれていた太陽系誕生以前の微粒子

炭素質コンドライトから抽出した粒子に関する研究の結果，それぞれの半径が約 100 Åの，多くの微粒子からなる μm 単位の塊が見つかった．また，この隕石分類の物質に少量含まれている成分は，まぎれもなく太陽系外から来たもの，つまり，銀河系の離れた場所で，気体の状態から固体粒子に凝縮されたものであることを示す証拠も発見された．この結論は，太陽系のそれと比較して，明らかに異常な同位体比がいくつも検出されたことから導き出された．そのような異常の一つが，「太陽系誕生以前の塵微粒子」に含まれるネオン同位体比（$^{20}Ne/^{22}Ne$）である．もし，この微粒子が超新星の近くで凝縮したものであるなら，太陽系の場合の数値と比べて，異常な同位体比が観測されたことの説明がつく．このような凝縮が，新星や超新星の膨張する外層から流れ出る気体のなかで発生することを示しているといえるだろう．隕石に含まれる，これらの太陽系誕生以前の微粒子は，その後再び溶融することなく，最初に凝縮したときの元になった物質から生じた「消滅核種」の痕跡を保っている．したがって，星間空間の固体粒子成分が有形の物体として，これらの隕石の内部で損なわれることなく地球に到達したのである．こうして，われわれの太陽系と銀河系の遠く離れた場所とは，結びつけられているのである．

隕石に含まれる地球外有機物

最近，マーチソン隕石には，極めて多様な地球外有機物が含まれていることが明らかにされた（Schmitt-Koplin *et al.*, 2010）．これは，前の章で取り上げた考え方に従うならば，まったく驚くには当たらないことである．もし，彗星によって微生物が運ばれているのであれば，多様な，しかも，おそらくは地球上で自然に発見されるものよりも多様な有機分子が発見されることだろう．さらに，このような分子は，非生物的，あるいは前駆生物的なプロセスではなくて，生化学的なプロセスを通じて生成されたものと思われる．地球外から彗星によって運ばれてきた生物は多様で，地球という限られた生存領域で選択された，限られた生物の小集団ではなくて，もっとはるかに大きな集団に由来する可能性があるだろう．だから，隕石に含まれていた有機物が非常に多様であったとしても，まったく驚くようなことではないのである．シュミット＝コプリンが提唱しているとおり，このような多様性が生じた原因は，生物前駆的プロセスにある，と考える必要はないかもしれない．例えば，地球圏外の生物学に関連する可能性があると思われる，Aib[4]やイソバリンなどの「非生物的」アミノ酸は，恐竜が絶滅した年代であるK-T境界でも見つかることがある．この物質は，彗星によって地球上にまき散らされた可能性があるといえそうだ．これと同様に，マーチソン隕石から発見されたさまざまな分子には，別の数多くの地球外生物による分解生成物が含まれているかもしれない．

前の章で取り上げた始原的天体は，放射性熱源からの恩恵を受けて，生命の究極の起源だけではなく，微生物の複製にとっても理想的な場所を提供している（Gibson *et al.*, 2010）．このような天体が惑星を形成する材料物質に取り込まれるときに，彗星が形成される．栄養分と，化学的エネルギーとを与えられた個々の彗星の内部では，以前から存在していた微生物が非常に短期間で急増する．その後，増殖した微生物は凍結乾燥された状態で閉じ込められ，彗星の外層が少しずつはがれていくのにつれて，宇宙空間に生きた微生物がまき散らされていく．近日点通過を繰り返すうちに，効果的に彗星から揮発性物質が放出され，その結果，彗星に含まれる鉱物粒子は，最終的に固結するその過程において，彗星内部の微生物は効果的に「堆積し」，化石となる．このように考えると，マーチソン隕石やオルゲイユ隕石のような炭素質コンドライトは，「消滅した」彗星の破片である，と理解することができる．

隕石の微生物化石*6

炭素質コンドライトの CM，および CI に含まれる数％の炭素は，有機化合物の形態をとっているが，それは二つのグループに分類することができる．つ

---

4) α-aminoisobutyric acid（α-ジ置換アミノ酸）のこと．Aib は，非タンパク質構成アミノ酸（非タンパク質性アミノ酸）である．ペプタイボール類化合物に含まれる．

*6 隕石に含まれる微生物の化石についての議論は，学界においては未だ認められていない．著者ウィックラマシンゲの微生物の化石だとする主張に監修者は同意するものではない．

まり，有機溶媒と無機溶媒とに溶けやすいものと，そのどちらにも溶けないものである．そして，非常に厄介で議論の的となっているのは，不溶解性化合物のほうである．G･クラウスとB･ネイギー（1961），そしてH･ユーリー（1966）によって最初の報告が行われた後，興味深い議論が沸き起こった．オルゲイユ隕石とイヴナ隕石とに，お互いによく似ている微生物の化石が発見された，というのである．これらの隕石はいずれも落下が目撃され，その軌跡を追跡した上で回収されたものである．オルゲイユ隕石がフランスに落下したのは1864年，イヴナ隕石が中央アフリカに落下したのは1938年である．

電子顕微鏡によって細胞壁や鞭毛や各組織によく似た構造があることが明らかにされた．しかし，その中の一つに，ブタクサ花粉による汚染が実証され，その結果全ての類似構造が信用できないとされた．この問題をさらに突き詰めていくためには，研究の詳細と技術をつぶさに検討しなくてはならないことが明らかになった．いずれにせよ，汚染問題が排除されていない以上，発見された化石の構造に関する説明は，大いに疑わしいとする科学者が多かった．そこで，すぐに代わりの説明が提示された．その説明の一つは，化石のような構造（汚染されていない）は何らかの非生物的プロセスによって鉱物微粒子が有機分子の膜を獲得した結果であるというものだ．

隕石に含まれる「有機元素」，または「微小化石」の生物学的性質に異論を唱えるコンセンサスは，人から人へとミツバチのダンスのように広がり，すぐに定着した．しかし，科学的な問題は何も解決しなかった．批判者たちが汚染を理由に，自分たちが正しい，と声高に言い張るがゆえに，科学界では，微小化石に関する主張は，どれも誤りであると信じ込んでしまう．クラウスは重圧に負けて，説を翻したようだった．そしてネイギーは，ガリレオが「Epur si move［それでも（地球は）動く！］」とつぶやいたのと同様に，「ありうる」というヒントを自分の著作に暗示を込めて前線から退いた．

それから20年近くが経ち，ハンス・D・プフルークが，炭素質コンドライトに含まれている微生物の化石に関して，初期の研究と同じ批判を受けないよう，サンプルの採取に細心の注意を払った上で，再検証を行った（Pflug, 1984）．プフルークは，最先端の機器を使用し，汚染のない環境下で，マーチソン隕石から超薄切片（1 mm 未満）を採取した．そのときの結果を図12.1と

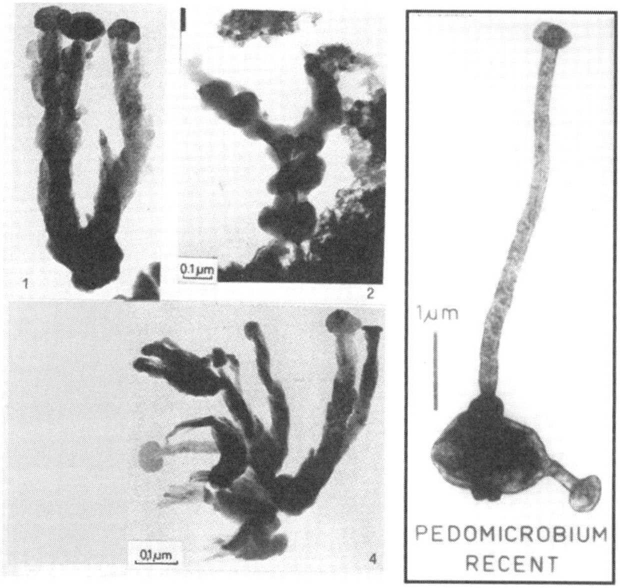

図 12.1　マーチソン隕石の特徴的な生物学的構造と，現代の鉄酸化細菌ペドミクロビウム属に対応する，類似の構造との比較．

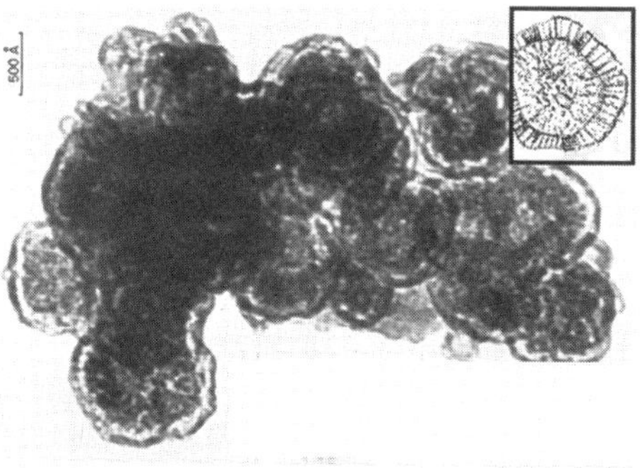

図 12.2　マーチソン隕石から電子顕微鏡で発見された，インフルエンザウイルスの塊に似た構造．挿入された図は，現在見られるインフルエンザウイルスの画像だが，化石化したウイルスとされる塊と，構造が驚くほど似ていることがわかる．

図 12.2 に示す．

プフルークとハインツは，さらに研究を実施し（1997），これらの結果を確認した．その結果，クラウスとネイギーの研究に対する汚染という批判はほとんど消失した．

プフルークの先駆的研究は，リチャード・フーヴァーと共同研究者とによる 2000 年から現在に至るまでの研究によって，その大部分が確認されている（Hoover, 2005; Hoover, 2011）．フーヴァーらの研究により，新たに切断したマーチソン隕石やタギシュ・レイク隕石などの表面に，多様な微生物の組織が存在することが明らかになった．そこでフーヴァーらは，地球上で最近汚染されたものと，隕石に元から存在する微小化石とを区別するために諸々の基準を検討し，細菌の化石となり得る候補の図録をつぶさに集めて編纂した．図 12.3 の高解像度の後方散乱電子像は，マーチソン隕石を新たに切断した表面から見つ

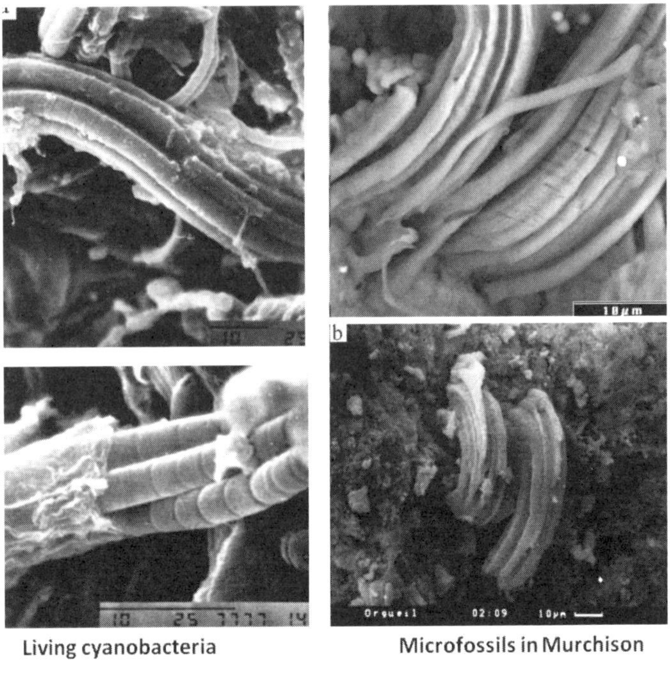

図 12.3　マーチソン隕石から発見されたもの（右, Hoover, 2005）と，生きているシアノバクテリア（左）との構造の比較．

かった，元々存在する細菌化石の構造と，生きているシアノバクテリアとを比較した，非常に印象的な例である．汚染されているという批判をよく耳にするのは，この同一性を却下するためなのだが，厳密かつ客観的な基準に基づいて現段階で判断するのであれば，従来の（地球上の汚染論による）批判を擁護するのは極めて難しいといえる．

彗星塵に含まれる微小化石

隕石よりも，もっと小規模な彗星を起源とする惑星間塵粒子，つまり流星塵の収集は，何年にもわたって U2 航空機に取り付けられた吸着紙を使って実施されている（Brownlee *et al.*, 1977）．これらの，いわゆるブラウンリー粒子は，表面がけば立ったケイ質の塵の凝集体という形状をとることが多い．そこに地球外の有機分子が含まれた状態で発見されている．そのような分子は，マーチソン隕石に関する最近の報告と同様，複雑かつ多様である（Clemett *et al.*, 1993）．少数の例だが，個々の粒子の内部から，さまざまな微生物の組織が発見されている（Hoyle *et al.*, 1985）．

培養可能な微生物のほか，生きているが培養は不可能な微生物を，高度 41 km の成層圏で低温試料回収装置によって採取したエアロゾルから分離された話はすでに述べた（Harris *et al.*, 2002，Narlikar *et al.*, 2003，Wainwright *et al.*, 2003，Shivaji *et al.*, 2010）．ブラウンリー粒子の場合と同様に，成層圏で採取したサンプルから得られたエアロゾルには，原初の炭素質の彗星塵が大量に含まれていた．走査電子顕微鏡と化学元素同定法とを組み合わせた研究により，生物化石らしきものが発見された．これは，直径 10 μm ほどの中空になった有機物の球体で，炭素質コンドライトや，古い時代の地球の堆積岩から発見される，珪藻に似た円筒状の構造をもつ「アクリターク」と呼ばれるものと類似している．このような構造の例を，図 12.4 に示す（Miyake *et al.*, 2010）．

図 12.4 の下に示した構造は，珪藻のケイ質の断片のように見える．長さが 10 ～ 15 μm のサブミクロンのひげ状結晶で直径が 1 ～ 2 μm の長い繊維状となっていて，単独でも複合体でも存在する．前の章で，ミルトン・ウェインライトが中心となって，ごく最近行われた研究を紹介した．成層圏の高度 27 km まで気球を上げて，彗星塵の塊と，半径が 30 ～ 100 μm の個々の生物体を電子顕

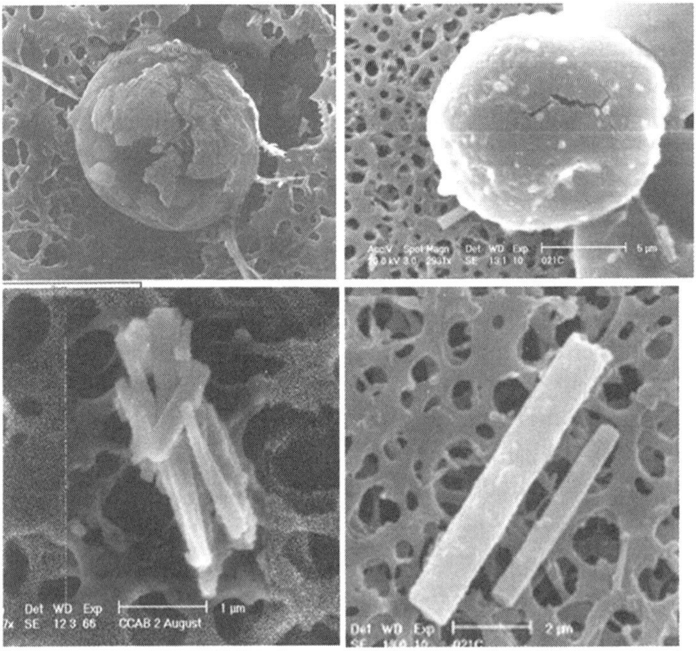

図 12.4　高度 41 km の地球の成層圏の大気から採取した大気エアロゾルから発見されたアクリタークと珪藻の化石（Miyake *et al.*, 2010）.

微鏡スタブで直接採取した研究である．普通では考えられない生物体が粒子とともに発見されたことを指摘した．その粒子の大きさでは，どんなに珍しい気象学的事象が起こったとしても，地上から巻き上げられることはありえない．実際，秒速数 cm の速さの衝突でできた，マイクロクレーター[*7]は，粒子が地上から上ってきたのでなく，宇宙から落下してきたことを示している．したがって，宇宙を起源とすることを証明するものである（図 8.8 を参照）．

新たな隕石からの思わぬ発見

16 世紀のコペルニクス革命の場合と同様，科学的に正しい考えは，偏見に満ちた時流に対して，その妥当性を何度でも，さまざまな思いもよらない方法によってその正当性の証しが主張される．そして最終的には，パラダイムシフ

*7 秒速数 cm の速さでクレーターは形成されない．

トが起こる．彗星パンスペルミア説に対する抵抗（反論，異論）は，15 世紀から 16 世紀のコペルニクス革命への抵抗と，まったく同じくらい激しいものだった．1981 年にホイルと筆者は，ハンス・D・プフルークが示した，隕石に微生物が存在することの証拠は，彗星に生命が存在することの決定的な証明となると信じて疑わなかった．可能性として，無機的プロセスによってフィラメント状構造が生成され，それが，シアノバクテリアと似ているという，説得力を欠く言い訳が細々となされているものの，それはほとんど，あるいはまったくといっていいほど，無機的プロセスの裏付けになっていない．

しかしながら，もし生物学的方法でなければ生成できない生物構造を含んだ隕石がもし見つかったとしたら，パンスペルミア説の勝利をついに認めざるを得なくなるだろう．光合成微生物に分類される珪藻こそ，長い間彗星と星間塵にその起源があると指摘されてきた生物構造である．珪藻は，極地も含めた，地球上の湖や海洋に豊富に存在している．そこでこれらの生物は，彗星やエウロパのような衛星などの地下にたまっている液体を，自然の生息地としている可能性があると思われる（Hoover *et al.*, 1984）．

海洋と淡水との両方に現存する珪藻は，10 万種以上もあると推定されている．珪藻はいずれも，珪殻と呼ばれる独特の模様が刻まれたケイ質の外層によっ

図 12.5　地球で見られるさまざまな珪藻被殻．

て覆われている．このような珪殻が，生物学的に生成されたことは間違いない．したがって，珪殻の存在それ自体がまぎれもなく，生命の存在を証明するものであるはずだ．珪殻の構造のいくつかの例を，図 12.5 に示す．

今の議論と関連するが，珪殻は，1 億 8,000 万年前の地質学的記録に突如出現した，という興味深い事実がある．ケイ質の殻が非常に安定していることを考えると，もっと以前の時代の化石が発見されていないのは，それ以然に地球上に落下していないということになる．よって，それより後の地質年代のある特定の瞬間に彗星が落下したという考えを裏付けることになる．

ポロンナルワの隕石[*8]

この段階になって，彗星パンスペルミア説にとっては，セレンディピティ，つまり思わぬ幸運な発見があった．しかも，それはマルコ・ポーロがセランディーブ[5)]の島と呼んでいた，スリランカで起こったのだ．2012 年 12 月 29 日，スリランカ中部で大きな火球が目撃された．そして，その数分後，隕石は砕け，歴史のある古代都市，ポロンナルワから数マイルのところにある，アララガンウィラ村に落下したのである．隕石研究のコミュニティで認められた名前ではないが，ここではこの隕石を「ポロンナルワ隕石」と呼ぶ．図 12.6 に，この隕石の標本とスリランカの隕石が落下した場所とを示す．地球の大気に突入するとき，このポロンナルワ隕石の母天体は，内部のほとんどが多孔質の塊になっていて，なかには水や，揮発性の有機物や，地球で目にするような生きた細胞が含まれていたのだろう．また，変な臭いがする，という報告があり，地面に落ちていた石に触って何人かがやけどをした．

この隕石自体は，「未分類の隕石」に分類される．隕石学者の間では驚嘆の的となったとはいうものの，この隕石が空から落ちてきたこと，そして，火球が目撃された方角に，おうし座があることから，長期にわたって活動する，おうし座流星群と関係があることと考えている．石は，多孔性が高く（80％の間隙率）で，ケイ素（Si）とカリウム（K）が豊富に含まれており，炭素量は数％

[*8] この節は特に，著者ウィックラマシンゲたちのみが主張するもので，監修者のグループの分析では，隕石とは認められない．これは世界の隕石学者グループの結論である．

[5)] 「獅子の子孫」という意味．セレンディピティ（serendipity）は「素敵な偶然・幸運との出会い．予想外の発見」という意味で，「セランディーブ」はその語源とされる．

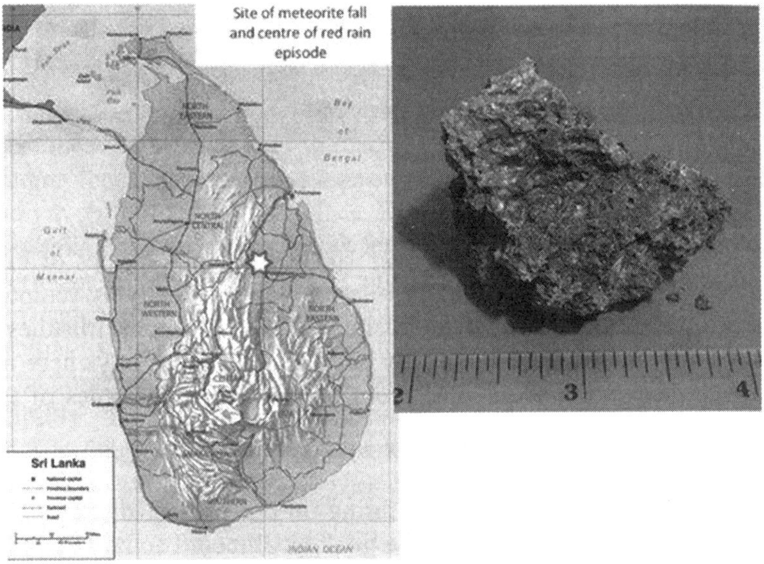

図 12.6　ポロンナルワに隕石が落下した場所と，その石の標本．

だった．ポロンナルワ隕石について，ジェイミー・ウォリスが，物理的，化学的，鉱物学的に詳細な分析を行った（Wallis, 2014）．その結果第 8 章でも取り上げたように，彗星の湖のケイ質の残留物である，新しいカテゴリーに分類される隕石であることは，ほぼ疑いがないと筆者は考えている．隕石からは，アノーソクレース[6]，曹長石，灰長石などの，高衝撃鉱物を成分とする 10 μm 単位の微粒子を含む，非晶質二酸化ケイ素（SiO_2）の，溶融マトリクスが見つかった．これは，衝突によって放出されたものであることの証拠となる．また，非常に結合の弱い水が，ごく少量含まれており，石の炭素質成分をみると，窒素炭素比が 0.3% 未満と，窒素がかなり枯渇していることがわかっている．

これらの隕石を新たに切断し開裂した内部の表面断片を，アルミニウム製スタブに載せ，走査電子顕微鏡で調査を行った（Wickramasinghe *et al.*, 2013a, b, Wallis *et al.*, 2013a, b）．サンプル画像には，岩のマトリクスの内部に分散し絡みついた，さまざまな生物に特有な構造がはっきり写っている．図 12.7 と 12.8

6) アルカリ長石の一種．

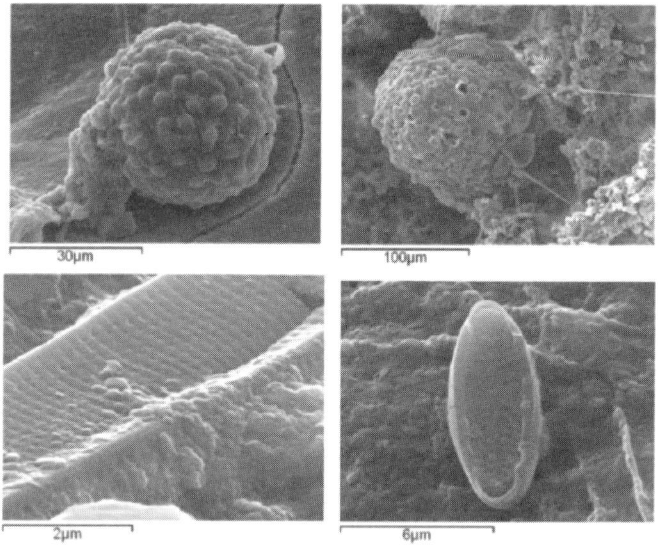

図 12.7　ポロンナルワ隕石から発見された化石化したアクリタークと珪藻.

図 12.8　ポロンナルワ隕石から発見された化石化した珪藻.

にその例を示す．

図 12.7 の上段に示した構造は，アクリタークと呼ばれる，絶滅した微生物の化石と似ている．また，同じ図の下段や図 12.8 に示した構造は，明確に珪藻の形態を示している．これらの構造は，地上からの汚染とか，人工物であるなどと解釈することは不可能である．ウォリスら（2013b）は，酸素同位体の組成から，これらの構造が地球を起源とするものとは考えられないことを示した．さらに，隕石のバルク組成に含まれる微量元素の分析が行われ，イリジウム元素が，7 ～ 8 PPM のレベルで豊富に含まれていることもわかっている．これは，地球上の海洋地殻に含まれる数値を約 1 万倍も上回っているが，彗星や隕石の場合の数値とは完全に一致する．地球の K-T 境界の堆積層にイリジウムが豊富に含まれていることは，6,500 万年前に彗星が衝突したことを示すものであると，別の機会でも指摘した．生命を含んだこれらの石が，地球外を起源とすると証明するのに，これ以上の証拠は必要ない．図 12.7 に示した珪藻の構造は，現代になって汚染された可能性がある，という主張は，隕石の炭素質成分の窒素／炭素比が低い（これは生物構造が化石化している以外に説明しようがない）という理由から，却下できる．

第 13 章

彗星衝突と文明

Comet Impacts and Civilisation

彗星

これまでの章で，地球上の生命の起源と進化を語る上で，彗星が極めて重要であることを指摘した．この章では，彗星とその一部が地球に衝突するという物理的な結果が，実は，従来考えられていたより，はるかに文化と宗教の進化に大きな影響を与えたことについて考える．

彗星は，軌道に沿って太陽を周回する．太陽系が生まれたとき，天王星や海王星に集められることなく取り残された彗星は，数千億個に達する．それは巨大な殻のように，太陽系の外側を覆っている．海王星とオールトの雲の間には，いくつかの彗星の集団が存在している．カイパーベルトには，惑星と同じような軌道を周回する彗星の集団もある．あるいは冥王星のように，TNO（海王星軌道よりも外側にある太陽系外縁天体）と呼ばれる天体集団もある．

オールトの雲のそばを恒星が通過すると，それに影響され，彗星は個々に太陽系の中心に向けて，超楕円軌道をとるようになる．この彗星の最初の周回軌道は，何十万年，あるいはそれ以上の期間の周期をもつ．数回の周回を経て，長期型彗星は巨大惑星の木星や土星の引力の相互作用の累積によって，短期型彗星となる．もっとも短い短期型彗星の周期は，3，4 年である．

最近発見された彗星は，巨大彗星といわれるもので，直径は 30 ～ 200km もある．このような巨大彗星の存在は，クリューブとナピエ（V. Clube and W.M. Napier, 1990）によって予見されていたが，1977 年のカイロン（Chiron）の発見まで，それは予測にすぎなかった．当初，カイロンは，土星と海王星の間を周回する小惑星であると思われた．しかし，1989年にカイロンが鮮烈に輝き，星雲状のコマが発達したことにより，彗星と断定された．直径115 kmという大きな彗星は，カイロンが初めてである．その後，同様の彗星が多く発見され，ケンタウルス（Centaurs）という新しい分類名が与えられた．「ケンタウルス族」は，海王星より外側の太陽系に存在している．

1990年代後半に記憶に残る巨大彗星は，ヘール・ボップ彗星（Comet Hale-Bopp）である．この彗星は直径約40 kmであり，巨大彗星としては小さいほうである．ヘール・ボップ彗星は，1997年4月1日に太陽に最接近した．次回，太陽系内部領域に再び戻るのは，4377年である．ヘール・ボップ彗星に対する木星の影響は顕著である．もともと4,200年の周期であったものが，木星から6,500万マイル（約1億km）離れた地点を通過した後，2,380年の周期に変わった．

彗星衝突の影響〈重爆撃期〉

地球史の，最初の5億年は，彗星の衝突を頻繁に受けた時代であった．この時期の衝突が，地球形成の最終的な段階である．40億年前に冥王期（Hadean epoch）として知られる重爆撃期は終息したが，その後も，彗星と彗星の破片の衝突が完全に終わることはなかった．

それでは，そのような衝突が，地球にどのような物理的な結果をもたらしたのであろうか．太陽系の惑星と衛星には，その表面に激しく衝突があったことを物語るクレーターがみられる．一般論として，大気圏を擁する惑星には衝突の跡が残りにくい．その理由は，地表の風化現象によって地表が比較的早く侵食されるからである．地球をよく観察すると，多くの衝突の跡が残っている．6,500万年前の彗星の衝突によって，恐竜と75％以上の植物が絶滅したことに，今や異論はない．このような事象は，すでに1978年にホイルと筆者によって初めて示唆された．

その文献を引用すると「直接の衝突以上にもっと劇的で破壊的なことは，10^{14} gの小さな粒子の付加である……」．このような，彗星の塵のふりかけのような突出した出来事は，1億年に一度くらいの頻度で起きると推定される．その一つが，6,500万年前に恐竜の絶滅をもたらした．このような彗星の衝突こそ，最も重大な環境災害の誘引であると考えられる．このときの生物種の絶滅は10 万年近い突出した期間続いたと推定される，いくつかの証拠がある．その期間の中間点のピークに，彗星の 1 回の衝突が位置付けられる．彗星の衝突によって成層圏に散った埃は，太陽光線を遮断して，食物連鎖の最下層にある海中プランクトンの光合成を最小レベルまで阻害することとなる．木々からは葉が落ち，それに食を依存する生物は絶滅に至る．

彗星衝突と生物の絶滅

彗星の衝突と生物の絶滅を説明する，同じような仮説が，ナピエとクリューブによって，『ネイチャー』誌（Nature Vol.282, 29 November 1979）に発表された．ホイルと筆者の，彗星衝突に関する論文が発表された 2 年後に，L・W・アルバレス，F・アサロ，H・V・ミッシェルによって，6,500 万年前の地層にイリジウム元素が異常に濃集していることが発見され，彗星の関与が明確になった（Alvarez *et al.*, 1980）．イリジウム元素は，地上では希少であるが，彗星や隕石では一般的なものである．かくして，地球上の地層からイリジウム元素の濃集が見つかる場合，それは彗星か隕石の衝突によるものである，と確実に言える．後の研究によって，地球上では稀だが，隕石に一般的に存在するアミノ酸が地層に見つかる場合も，同じように彗星あるいは隕石による，ということが示された．さらにその後，恐竜絶滅の原因となった 6,500 万年前の彗星の衝突によるクレーター（チチュルブ・クレーター）が，メキシコのユカタン半島にあるチチュルブ（Chicxulub）村近くの地底で発見された．

これ以前の生物の大量絶滅についても，地層中のイリジウム元素の濃集が関連付けられ，彗星との関連が推定されている．地質学的な記録による大量絶滅のピークは，160 万年前，1,100 万年前，3,700 万年前，6,600 万年前，9,100 万年前，1 億 1,300 万年前，1 億 4,400 万年前，1 億 7,600 万年前，1 億 9,300 万年前，2 億 1,600 万年前，2 億 4,500 万年前，3 億 6,700 万年前にあったと推定されている．これをパターン化すると，過去 4 億年間の生物の大量絶滅は，およそ 2,600 万年に一度，定期性のある周期で（地球内部の要因でなく），外部要因によって起きていることが強く示唆される．

彗星の特性

ここで注意しなくてはならないことは，このような彗星の衝突は，地質学上の遠い過去のことだけではないことである．以下に示すとおり，彗星と隕石は，物理的にも歴史的にも，その痕跡を残している．この過程を理解するために，彗星の性質について，いくつか再認識しておく必要がある．最近の発見によって，彗星は比較的脆弱な内部構造をしていることが判明した．

2000 年 7 月 25 日にリニア彗星は，太陽の近日点に向けた軌道の頂点にあった．この彗星は，あまり目立たない天体で，双眼鏡によって見える程度の彗星であった．しかし，突然燃え上がり，明るく輝き，大きな星雲状のコマと尾を出現させた．その後，数日間，視界から消滅し，再び現れたときは，暗い彗星となっていた．長期間露出した写真撮影によって，この彗星は 20 個を超える小さなコマとなったことが判明した．脆弱な内部構造が，内部にたまった蒸気ガスによって破裂したものと思われる．最近出現した長周期彗星のアイソン彗星も，2013 年 11 月 28 日に同様の宿命を辿った．アイソン彗星の場合は，残留物は何も残らず，ガスと塵となって消滅した．

彗星は，一般に太陽系内の惑星軌道から，かなり離れたところを周回する．時折，巨大な惑星である木星のそばを，彗星が通ることがある．そのとき，その彗星は，木星によって軌道が修正され，再び元の軌道に戻ることはなく，ときには，木星の潮汐によって，彗星は粉々に破壊されることがある．これが 1992 年の夏に，今や有名となった，シューメーカー・レビー第 9 彗星に起きた．この彗星は，21 個の塊が紐のように連なった状態になった．全ての塊は，木星の衛星となり木星に接近するように周回し，1994 年 7 月に，21 個の塊の全てが 1 週間以内に木星に墜落した．

彗星 X

文明の歴史を正しく紐解くと，その文明にもっとも時期的に近く関与した彗星，あるいはその断片の衝突にたどり着く．そのような彗星の衝突は，実は人類の運命を決定づけているといえる．この章の展開は，主にナピエとクリューブの理論に，フレッド・ホイルと筆者が修正を加えたものである．ナピエとクリューブは，エンケ彗星の元祖彗星を巨大彗星と仮定し，それがおうし座流星群に関連する，彗星の破片につながるとした．われわれは，巨大彗星と，その軌道と付帯する彗星の破片についてはその元はまだ断定できない．元祖の巨大彗星は，はるか以前に，リニア彗星やシューメーカー・レビー第 9 彗星と同様に粉々に分解し，何十億個の塊として流星雨になってしまったに違いない．

破壊された巨大彗星を，ここでは仮に彗星 X と呼ぶ．彗星 X の質量を，仮に 10^{16} t，直径を 200 km とすると，これはハレー彗星の 1,000 〜 10,000 倍に相当する．2 万年ほど前，木星によってその軌道が摂動され，地球軌道と交差するようになった．この巨大彗星 X が太陽を数回周回した後，リニア彗星と同様に粉々になり，100 m から 10 km の塊の集団ができた．100 m 級の塊は数 10 億個，1 km 級の塊は数百万個という数になる．これらが流星雨という一つの集団となり，一定の周期をもって地球軌道に遭遇する．

地球と彗星 X の流星雨との遭遇を，正確に予測することは困難である．最初の遭遇は彗星 X ということになるが，その後，この流星雨の集団が拡散し，発達するにつれ，事態は混沌化し予測は不可能となる．そこで，地球文明と彗星の遭遇と関連がありそうな事象を拾い出して，彗星 X とその残渣（ざんさ）の流星雨の集団との遭遇の痕跡を追跡してみる．この方法によって，歴史的事実から，地球とこの流星雨の集団との遭遇の周期を推定する．

彗星 X と文明

彗星 X の流星雨の集団との遭遇は，彗星のミサイルのような集団との衝突となる．数百 m 規模の彗星の集団的な衝突のほうが，頻度の稀なもっとずっと大きな天体の衝突に比べてはるかに大きな脅威となる．この集団的な衝突の期間，より小さな破片と地球との相互作用は，恐ろしい頻度で起こる．それは，数十年間にわたったものと思われる．

この 2 万年間の，地球の最も重要な地質学的な事象は，最後の氷河期からの脱出である．これが彗星 X の破片との衝突によって引き起こされた可能性がある．地球のような惑星の氷河期からの開放は，図 13.1 のグリーンランド氷床のコアサンプルの温度記録に示されるとおり，数段階を経て達成された可能性がある．

この第一段階は，図 13.1 によると 1 万 5,000 年ほど前の大きな彗星 X の破片によるものかもしれない．地球は突然温暖化し，あるいは寒冷化し，その後3,000 年間にわたって氷期・間氷期を繰り返すことを示している．この間は，小規模な彗星 X の連続的な衝突によって成層圏に大量の塵が舞い上がり，太陽光線の入射が妨げられ，それによって安定したグリーンハウス効果が成立しなかった可能性がある．ナピエは最近，約 1 万 2,900 年前に比較的短期間に何千個もの 100 m 規模の彗星 X の破片が衝突し，それによって地球の温度は 8℃下がり，温暖化は止まり極端に寒冷化し，氷河が再生されたと主張している（Napier, 2010）．

この時期，北米では，先史時代の旧アメリカ人（Paleo-Indian）グループによるクロービス文明が突然消滅し，氷河時代の動物である土グマ，ラクダ，マンモスも消滅した．最近，ジェームス・ケネットが率いる研究チームによって，ペンシルバニア州，南カロライナ州，シリアなどの薄い堆積層から，ガラスの融解物が発見され，この時期に，地球に彗星 X のミサイル的な連続衝突があったことが示唆されている．

この時期の，最初の気温の顕著な上昇と持続は，1 万 1,500 年前（BC 9500 年）頃に起きた．これはおそらく，やや大きめの彗星 X の破片の衝突による．しかし，この 1 回の衝突だけでは，地球を安定した間氷河期へと導くには不十分であった．その後，そのほとんどが何らかの衝突によるものと推定されるが，急に氷河期に逆戻りしたり，何回か気温の急変化が生じたりした．

最後の氷河期からの最終的な脱出までには，1 万年前の（彗星 X の破片の）

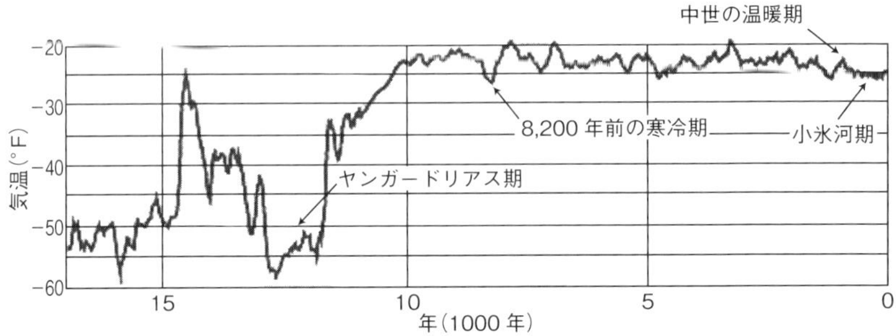

図 13.1　1 万 7,000 年間のグリーンランドの平均気温（Alley, 2002）．

大衝突を待たねばならなかった．衝突による温度の上昇によって海水が蒸発し，それによって地球のグリーンハウス効果が短期間に達成された．それによって地球は安定した温暖な段階に入った．

この時期，1 万年前（BC 8000 年）に至り，ようやく人類の文明が始まったといえる．この後 100–1,000 年単位では，ほとんど顕著な地表面の平均温度の変化は認められない．今日の気温から，1.5 ～ 3 ℃くらいの範囲での変動はある．この変化が地球の内部要因によるとする理由は，特に見あたらない．しかし，彗星 X の破片の衝突による文明に対する影響については，否定できないし無視できないものがある．大気圏上空，あるいは地球近辺で頻繁に起きている彗星の崩壊は，成層圏に滞留する塵を増やすことになり，それによって太陽光線が反射されることが考えられるからである．その結果，地表を温める，大気圏を通じた太陽光線の流入が減少し，反射率が高まることになり，寒冷化する．かくして，地球表面の平均温度の低下は，集団的な彗星の衝突による，大気圏内の塵の増加による，と考えるのが自然である．

彗星の空中爆発による影響

直径 40 m の典型的な彗星が爆発する場合，それは，秒速 14 km で地球を直撃する，その衝突時の運動エネルギーは，TNT 火薬約 2 Mt に匹敵する．これは，1945 年に広島を破壊した原爆[1)]の約 100 倍に相当する．この彗星が全て氷でできていると仮定すると，それは地球上空 30 km で爆発する．しかし，われわれの生活には何の影響も及ぼさない．この 3 倍の大きさの直径 250 m の彗星であると，もっと地球に近いところで爆発することになり，一つの都市を抹殺する規模の広範囲の被害が出る．もっと大きな，例えば直径 1,000 m の彗星の爆発であると，広島原爆の 10 万倍のエネルギーとなり，一つの国が消滅する．地球に突入してくる天体の大きさが，衝突の被害規模を決めることになる．大きければ大きいほど，被害は大きくなる．

ツングースカ大爆発

1908 年 6 月 30 日未明，シベリアのツングースカ上空に，直径 100 m ほどの

1)　15 Kt

天体が突入した．巨大な火の玉がキレンスクの町の低空に飛来し，シベリアのタイガに落下した．天体は地上に落下しなかったものの，上空約 8 km で爆発した．閃光をともなう爆発は太陽より眩しく，落下地点より 1,000 km 先でも観察された．爆発音はさらに遠くでも聞こえた．この爆発に関する，正確な記録はほとんどない．シベリア，イルクーツのロシアの新聞『Sibir』の 1908 年 7 月 2 日に，その目撃記事が記載されている．

> 6 月 30 日の朝 9 時に，奇怪な現象が観察された．キレンスクの北 200 ベルスタ（1 ベルスタは 1,067 m）のニツネ・カレリンスクの北西の地平線の彼方の上空で，農民たちが極めて明るく輝く物体を見た．その物体は青白く光り，明る過ぎて裸眼では正視できないほどであった．10 分ぐらいで地上に直下した．天体は円筒のパイプのように見えた．当時の上空には雲がなく，僅かに小さな黒い雲が光る物体と同じ方角の地平線上に浮かんでいた．気候は暑く乾燥していた．光る物体が地上に迫ると，まるで埃に埋まっていくようであった．そして，その場には途方もない量の黒煙が舞い上がり，雷とは違った，まるで大きな石がなだれ落ちるような，鉄砲音のような大きな爆発音が聞こえた．全ての建物は揺れ，同時に雲を突いて，火の手が槍のように上がった．住民は，恐怖のあまり道に飛び出た．老婆は泣き，皆この世の終わりがきたと思った…….

この衝突による爆発は，辺り 40 ～ 50 km に至るまで木々をなぎ倒し，中心部から 15 km に至るまでの木の幹は炭と化した．図 13.2 は，1927 年に撮影された，破壊現場の写真である．この衝突のエネルギーは，13 ～ 30 Mt と推定された．これは広島原爆の 650 ～ 1,500 倍である．

先史時代も含め過去 1 万年の人類の歴史には，ツングースカ大爆発，あるいはそれ以上の規模の衝突がときどき，そして，繰り返し起きたに違いない．もし，集団的な衝突事象が 300 ～ 3,000 年の間隔で起きるとして，その間には，10 年，あるいは 100 年という期間に衝突が集中した時期と何の衝突もなかった期間とがあった可能性がある．

ツングースカ大爆発のような事象によって死亡する確率は，簡単に算出される．つまり，被災地域の面積，例えば 5,000 km^2 を地球上の面積 1 億 km^2 で割ればいいわけである．この例では 2 万分の 1 の確率となる．

もし，このような事象が年 1 回起きるとすると，交通事故で死亡するのとほぼ同じ 1 万分の 1 という確率になる．しかし，これが年一度でなく年 100 回起きるとすると，この確率は，生涯年数を 30 年として 30％の確率となる．このような事象の最も肝要なことは，衝突が集中する 100 年に当たると，三つの人口集中都市のうちの一つが壊滅するということだ．ほとんどの生存者が，数 10 キロ先の近隣の都市に，天から火のようなものが降り注ぐ光景を目の当たりにしたはずである．このような体験は，ぬぐい去ることのできない印象と集団心理を，われわれの先祖に植え付けた．そしてその信仰，宗教，神話の発展に深く刻まれることになった．

図 13.2　1927 年に撮影されたツングースカの現場．

彗星衝突から始まった金属の利用

1 万年前，文明の夜明けの時代は，元祖彗星（彗星 X）の爆発に続く，彗星の活動と塵の生成が活発であった．この時期の黄道十二宮の星座は，天空に漂う塵の合間から，ときどき赤く輝く程度であったであろう．この時代の天空では，彗星が爆発したり，天に昇ったり，沈んだり，見事な尾を引いて天空を行く姿は，ごくありふれたものであっただろう．散らばっている遊牧民が空を見上げて共有した，このような体験とともに神話や伝説が発展したことは，容易に想像できる．天空の活発な活動にさらされた文明初期の社会が，その神々を空に求めたことは，不思議ではない．同時に，そのような天界を中心とした宗教が，翼をもった蛇や龍の間に繰り広げられる，天空の抗争の神話を描くことが多いことも理解できる．

過去1万年の人間の歴史を彩った，文明の発展と没落，帝国の興亡は，天からの定期的な攻撃によって説明できる．文明の崩壊は，彗星の衝突による短い悪夢の時代ともいえる事象によって，劇的に引き起こされた．衝突の少ない時期には，文明の繁栄が維持された．フレッド・ホイルは，金属の精錬技術の発見には彗星の関与があると推測していた．精錬は重大な発見であり，その後の金属の，武器，道具，器具の使用へと向かった．それは，人類の経済的な富の形成の，重要なターニングポイントとなった．一塊の石が可鍛性の材料となり，金属となるという発想は，抽象的概念としては自発的には生まれにくい．金属の精錬は，偶然の発見であったに違いない．と同時に，どうして地球上の広範な地点で，時を同じくして偶然の発見が起きたのか，という疑問がわく．

考古学的な証拠によれば，BC 4300年頃，銅は，道具や調度品として使われていた．記録上初めて，最初の純粋な銅が使用されたのは，アナトリア東部であった．すぐに世界中に広がった．銅の精錬の発見に至るような自然現象は，複数の地域で，ほぼ同時に繰り返し起こったに違いない．まさに，彗星爆発による複数の衝突による．彗星の集団的衝突のときに，あのツングースカ大爆発のような大規模な火災が発生した可能性がある．その火災による強力な火力によって，金属を含んだ鉱石は自然に精錬された．人類の遊牧民先祖は，特に炯眼を必要とすることなく，1908年のツングースカでくすぶり続けたような，森林火災に遭遇することになった．その焼け跡に残された，自然に精錬された銅を拾って，それを叩いたり延ばしたりすることによって，必要とする器具を作れることを知った．いわゆる銅器の時代は，このようにして始まり，その後1,000年くらいを経て，青銅器の時代を迎えた．

モヘンジョダロの崩壊は彗星衝突による（?）

BC 2500 ～ BC 2300 年の間の（彗星 X の）集団的衝突期間の記録に関しては，もう少し詳しい記録がある．この直前まで，偉大な文明と長期に繁栄した王国が，エジプト，そして北インドのインダス渓谷にあった．

北パキスタンのモヘンジョダロの廃墟は，エジプト文明より，おそらくもっと発展していたと思われる，アーリヤ前の文明の繁栄した所である．1,000 年にわたり栄えた文明が，突然そして劇的に崩壊した．西からのアーリヤの浸入によって年老いた帝国がゆっくり侵食されることはあっても，劇的と思えるような崩壊はない．同様に，インダス川による季節の氾濫は，何百年にわたる，ゆっくりとした累積的な崩壊効果はあったとしても，突然の崩壊の要因とはならない．もっと劇的な，彗星 X の破片の海中衝突によって生じる高波や，津波のような大災害が起きたに違いない．最近，BC 2350 年の北シリアの考古学的地層で，彗星の空中爆発によって形成された塵の層と焼地表面層が発見された．

ピラミッドは王の墓でなく彗星衝突防御のシェルター（?）

もっとも強力で説得力のある彗星 X の衝突の事象は，エジプトの砂漠に見出される．BC 3100 年頃の，メネス王による上下エジプトの統合後，この帝国は繁栄した．この帝国は，代々の継承によって古王国が築かれ，BC 2160 年の崩壊まで続いた．長期にわたる帝国の崩壊に至る混迷については，ピラミッドに残されたテキストに記されている．ギザのなかで最も有名な三つのピラミッドは，大ピラミッドを BC 2500 年に建設した，スネフルの息子のクフの時代から，その建設が始まった．この巨大な建造物は，その敷地が 13 エーカー（約 1 万 6 千坪）あり，高さは 450 フィート（約 137 m）である．その幾何学的な精度とともに，占星術の基本相（白羊・巨蟹・天秤・磨羯の 4 宮）の方向に向いた，その面の正確な配列は驚異的である．続く 2 世紀の間に，残りの二つのピラミッドが，ギザにクフ王の息子のカフレと，その後継者のメンカウレによって建立された．

王の墓としての役割しかない，そのような巨大な建造物を，エジプト人がわざわざ建てたのであろうか．なぜ，一つの場所だけでなく，広大な地域にまたがって分散させたのであろうか．ギザのピラミッドは，4,500 年も生きながらえて建っている．その間に，何度かの彗星Xの爆発の襲撃を，空から受けたことであろう．フレッド・ホイルは，ピラミッドに，ツングースカ大爆発のような空からの爆発波に耐えられる，まさに理想的な条件が揃っていることを指摘していた．数十年とか数百年とかでなく，何千年という試練にも耐えられるような建造物は，これ以外に考えられないと．

したがって，もうひとつの考えは，ピラミッドは単なるお墓でもなければ偶像でもない．そうでなく，ツングースカ大爆発のような彗星のミサイル的な空からの攻撃から，存位中の国王を守るためのエアーシェルターの役割を果たしたとする見方だ．大ピラミッドのなかの回廊は，オリオン座の三つ星の方向に向いている．そこで，一枚の鏡，あるいはピカピカに磨かれた表面をもつ器具を利用して，地球にその方面から迫り来る，流星雨の侵入の観察に使った可能性がある．それ以外の回廊は，その他の目的があったのだろう．例えば，諸々の生命維持の目的とか，換気とか，食料の搬入などである．ペンシルバニア大学の，ドナルド・B・レッドフォードの考古学的発見は，古王国後期に存在した可能性のある，一般民用の彗星空中衝撃シェルターの残骸であることを指している．頭の上に腕を上げて倒れ込んだままの，歪んだ人骨集団が発見されている．これは，突然の天空からの襲撃の被害者であることを強く示唆している．これらの死骸は，あまり役に立たなかった曲がりくねった空中襲撃用のシェルターの壁とともに発見されている．

木の年輪測定による彗星衝突の推定

彗星Xによる大激変の，より説得力のある証拠が，クイーンズ大学ベルファスト校のマイク・バイリーが率いる研究チームによってもたらされた．このグループは，新しい科学である年輪年代学（毎年夏の木の成長によって年輪が作られる）を使って，過去の年ごとの年輪の厚さを測定した．年輪が薄ければ，その年の木の成長がなかったことを示す．これは，その当該年に，太陽光線の地球に対する入射が妨げられていたことを示す．アイルランド・ブナ（Irish oak）の年輪によって，BC 2354 ～ BC 2345 年の期間にわたって，このことが発見されている．これは古王国の最後の 10 年間にほぼ対応する．この原因は簡単に説明できる．ツングースカ大爆発のような彗星のミサイル的な攻撃によって，塵が大気圏を覆い，太陽光線の入射を妨げたからである．

その次のかなり良く記録された彗星Xの集団的衝突事象は，1,000 年後の BC 1350 ～ BC 1100 年に起きた可能性がある．ここでもまたバイリーの年輪が表すとおり，BC 1159 ～ BC 1141 年に顕著な気候の凋落が示されている．これは彗星Xのミサイル的な衝突かそれに誘起された火山噴火による可能性がある．

旧約聖書を彗星衝突を想定して読む

旧約聖書に示されている事象の日付には，議論の余地がある．旧約聖書の多くの事象は，破天荒で神秘的である．しかしながら，集団的な彗星Xの衝突を想定すると，さほどでもない．洪水，ソドムとゴモラの町に降った火の雨，神の怒りによる飢饉など，これら全てが彗星Xの衝突の影響とすると，合理的な根拠が与えられる．火災，津波，高波，洪水，作物の不作をもたらす気象変動，それに連動する地震に至るまで，全て，彗星Xのミサイル的な攻撃の襲来によって起こりうる，気象変動と解釈できる．哲学的，神秘的な説明はいらない．われわれは今や，ヨシアが見たという，太陽の静止という現象を，ようやく理解することができる．それは，1908 年に起きたツングースカ大爆発の強力な火の玉と同じ現象の観察であったに違いない．旧約聖書と，ツングースカ大爆発を報じた 1908 年のシベリアの記事は酷似している．

彗星（彗星X）の集団的衝突事象時の彗星の分裂は，古代人が見上げた天空で，壮絶な光景を展開していたに違いない．そして，これが古代社会の天空の交戦神話の誕生になった．天界における神々の，このような交戦神話は，BC 8 世紀頃のホメーロスの詩にあるように，ギリシアの伝統に明確にみられる．ギリシア神話はおそらく，西アジア，そしてメソポタミアの神話から発展したものであろう．この時期の地球は，彗星Xの爆発による爆撃を被っていた．

ギリシア時代からローマ時代，彗星の衝突が少ない緩やかな時代

ギリシア時代の数百年前から，地球は少し穏やかな時代に入った．そしてこのような，罪のゆるしの時期は，6 世紀頃まで続いた．6 世紀に入り，以前より弱いとはいえ，再び彗星Xのミサイル的な攻撃事象が起きたとする痕跡がある．ローマ帝国の崩壊に関しては学術的な議論が何年も続いている．ローマ帝国

の崩壊前夜に起きていた，地質学的な変動が果たした役割に関するエドワード・ギボンの説明に議論の余地はない．その説明は，

> 歴史は……区別することになる……自然災害が極めて少なかったときと，頻繁に起きたときとを．ユスティニアヌス（527 - 565）が君臨した時代は，地球が荒れ狂っていた．毎年，地震が連動して起きた．コンスタンチノープルは，40 日間揺れ続いた．その振動は，地球の隅々まで行き届いたほどである．少なくとも，全ローマ帝国に届いた．振動は体感され，巨大な溝が現れた．人間は地上に投げ飛ばされ，海は内陸に浸入，後退を繰り返した．そしてアンタキア（Antioch）では，レバノン山から山が剥ぎ取られ，波に飲み込まれ消えていった……25 万人とともに．
>
> （Edward Gibbon, *Decline and the fall of the Roman Empire*）

ギボンが記述する，このような長期にわたる頻繁な地震活動は尋常でない．（地球の内部の作用ではない）何か，地球外的な説明を必要とする．それは彗星 X のミサイル的な攻撃である．彗星 X のミサイル的な攻撃であれば，地球の内部地殻に，圧力波を送り込み，それによって長期化する地殻変動活動を誘発することができる．

この時期の地球気候のもうひとつの大きな下降が，バイリーの研究から明らかになっている．それによると，540 年頃のアイリッシュ・ブナの年輪は，ほとんど成長がなかったことを示している．他の研究も同様のことを示している．この時期の年輪の成長がなかったことは，ドイツ，スカンジナビア，シベリア，北米，中国など広範囲にわたっている．火山噴火による塵の影響によって気温が減少し，その影響で木の成長が阻害された，という推測は，グリーンランドの氷に含まれる酸性物質観測と一致しない．さらに火山灰は，数年で堆積するのが一般的である．とすると，5,546 年という長期の事象を説明することはできない．したがって，540 年頃に地球全体を，もっと強大な惨事が襲ったに違いない．

7 世紀の始めから今日に至る期間は，おおむね地球にとって，劇的な彗星の衝突のない，穏やかな時代であった．しかしながら，隕石落下の事象は，欧州

の暗黒時代と中世を通じて，文学の比喩や壁画に記されている．また，彗星や隕石による塵が地球に及ぼした影響については，気象パターンとして記録されている．

南イギリスにブドウが育った，欧州の温暖期に続いて 1550 年から 1850 年には，寒冷期が訪れた．これらは全て，彗星の空中爆発により大気圏内の塵が増加する変動があったことを示している．

第 14 章

赤い雨の謎

The Mystery of the Red Rain

歴史上に登場する赤い雨

空から血の雨が降ってきたという記録は，大昔から，さまざまな文化でみられる．古代の文学作品であるホメーロスの『イーリアス』では，ゼウスが二度も，空から血の雨を降らせたことが述べられている．そのことによって，戦による大虐殺が差し迫っていることを警告したのである．『イーリアス』の第16巻には，流星活動の挿話のなかに血の雨が降り注いだことが書かれている．「ゼウスは，息子サルペードーンが死ぬことを悟り，息子のために地上に血の雨を降らせた」(McCafferty, 2008)．古代ギリシアの歴史家プルタルコス (47 - 120) は，ローマの建国者ロームルスの統治の間，血の雨が降ったことに言及している．マーク・ベイリーは，ウェンドーヴァーのロジャーにより記された，541年の「ガリアの彗星は巨大だったので，空全体が燃え上がったように見えた．同じ年，雲から本物の血が降り注いだ」という，興味深い記述について言及している．同じような考えは，中世から17世紀，18世紀に至るまで続いている．

古代ギリシア時代では，血の雨のような出来事が起こると，神が力を誇示しているのだ，と考えられたが，中世ヨーロッパのキリスト教世界では，このような現象を超自然的なものとしてとらえることはトーンダウンし，自然現象のなかに，その説明を求めようとした．インドの神話にも同じような現象が残されており，世界の終わりの前兆であると考えられていた．古典叙事詩『マハーバーラタ』では次のように説明されている．

> 人々や，象の叫び声や，ラッパやドラムの響きで大気は満たされた．戦車の轟音は，天からの雷鳴のように聞こえる．神々とガンダルヴァは雲上に集まり，互いに殺し合うために集結した軍隊を目にした．いずれの軍も，日の出を待っている．しかし，激しい嵐が吹き荒れ，砂煙によって，夜明けの空はお互いを見分けられないほどに暗くなった．不吉な前兆である．天から，血のような雨が降り始めると，ジャッカルがこらえきれずに吠え始め，腹を空かせたトビやハゲタカは，人の屍肉を求めて金切り声を上げた．大地が震え，雲がないのに雷鳴が響いた．哮（たけ）り狂った稲妻が，忌まわしい闇を切り裂く．激しい落雷が，昇る太陽に突き刺さり，激しい音を立てて砕け散った．

マカファティ（2008）は，多くの史料を検討し，隕石の目撃と，赤い雨が降ったという記録とが，同時に発生したことを示す，数多くの注目すべき言及をまとめた．古代の史料の評価方法については注意が必要だが，証拠の重要性については，みるべきものがあり，無視することはできない．マカファティが言及している二つの印象的な記録は，特に注目に値する．

赤い雨と隕石の落下との間に，強い結びつきがあることを示す事例は，BC 30 年のエジプトの例だろう．

> これまで雨が降らなかったような場所に，雨が降っただけではなく，その雨は血のようだった．血の混じった雨が滝のように降り注ぐと，雲の中で兵器が閃いたように見えた．別の場所では，ドラムやシンバルが轟き，笛やラッパが響く，すると突然巨大なヘビが，シューシューと音を出しながら現れた．その間，彗星が空を横切っていった……（Dio, Book 51, xvii）．

中国の神話にも，同様の物語が残されている．

> 三苗時代は大いに乱れていたため，天は，これを滅ぼすことを決めた．夜に太陽が昇り，3 日にわたって血の雨が降った．祖先の寺院には龍が現れ，市場では犬が吠えている．夏なのに氷が張り，大地は裂けて，水が噴

き出した．五穀の育ち方は一変し，人々は恐れおののいた．

赤い雨の合成実験

19 世紀以降，このような出来事を，より科学的に調査するようになった．クリスティアン・ゴットフリート・エーレンベルク（1795 - 1876）は，ドイツの博物学者で，ベルリン大学では医学を教えていた．そのエーレンベルクがベルリン・アカデミーで，赤い塵と水を混ぜて「血の雨」を再現する実験を行っている．過去 100 年間で降った赤い雨の多くは，サハラ砂漠からと思われる赤い塵が原因になっていると考えたところまでは，エーレンベルクは正しい道をたどっていたかもしれない．しかし，現代に降る赤い雨は，おそらくは藻類のような赤色をした生細胞など，ほかのことが原因になっている場合が多い．赤い雨などは，現代でも比較的ありふれた出来事ではあるが，その色が特に真っ赤でないかぎり，誰も気づかないか，記録に残さない．

現代の赤い雨

この現象に対する一般大衆と科学者の関心は，2001 年 7 月 25 日にインドのケーララ州で広範囲にわたって起こった事件によって，劇的に蘇ることになった．その地域で，衝撃波が聞こえた後，赤い雨が降ってきた．この話を聞くと，数多くの歴史上の説明と驚くほどに似通っていることがわかる．最初の赤い雨は 20 分ほど降り続き，こうしたことが，その日のうちに何度も繰り返し起こった．それから 8 週間近く，赤い雨が断続的に降ったのである．物理学者のゴドフリー・ルイス（現在はコチン大学）が，雨のサンプルを採取して調べたところ，赤い塵が赤い雨の原因であることは，すぐさま排除された．図 14.1 に，赤い雨に含まれていた細胞を光学顕微鏡で見た画像を示す．この細胞は，塵粒子が不規則な形状をしていて，大きさも多種多様である．したがって，はっきりとその違いがわかる．低い倍率でも細胞壁が見えること，赤色が半透明をしていることは，生細胞と想定されるものに含まれる，赤い色素であることを明確に示している．赤い雨に含まれていた細胞の直径の平均は，約 5 μm だった．

総降雨量の推定値（cm 単位），典型的な赤い雨のサンプルで見つかった赤い細胞の質量分率，そして赤い雨が降った地域から考えると，赤い細胞物質の総

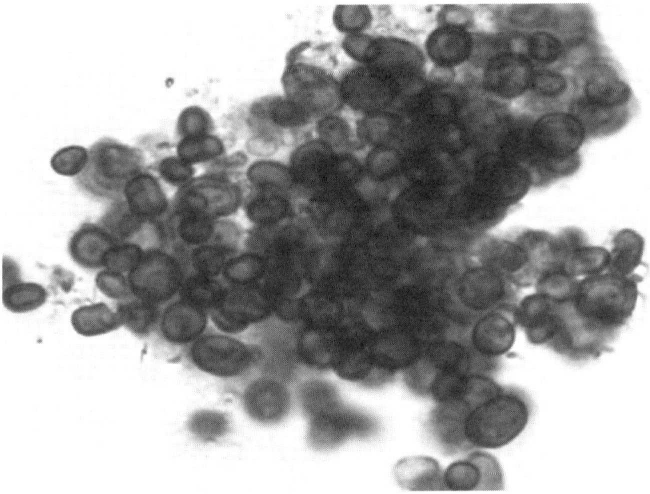

図 14.1　ケララ州に降った赤い雨の細胞を光学顕微鏡で見たもの．細胞壁が外皮のように見える．

質量は 5 万 kg（50 t）にも達すると推定される（Louis and Kumar, 2003）．さらに赤い雨の原因物質は，この物質をまき散らした，多孔性の彗星の火球の質量の 1 %を占めていると推測すると，その半径は約 10 m と算出できる．このような流星物質が，はがれやすくもろい構造をしているとすれば，上層大気中で簡単に分裂し，やがては，対流圏にある雨雲の元となる赤い雨の細胞を放出しただろう．この関連性から，マカファティ（2008）のいう，1846 年 10 月にフランスで起こった総質量で 300 t 以上の赤い雨が降ったという文書記録に目を向けると，興味深い．フランスの赤い雨では，まき散らされた物質の質量の約 8 分の 1 は，顕微鏡でも識別できる珪藻であると推測された．

赤い雨が宇宙由来である根拠

生物学においては，地球中心のものの見方が強い影響を及ぼしている．したがって，赤い雨の細胞が地球外からやってきたものである，という見解に対して，激しく反論があっても，さして驚くことではない．サンパトら（2001）は，ほとんど証拠はないのにもかかわらず，ケララ州の赤い雨は，スミレモ属の藻類以外の何物でもないという主張をしている．それが，地上の樹木から雲にまで舞い上がって 50 t も降り注いだ，というのである．後で述べるとおり，この主張に対して，さらに詳しい研究が行われることはなかったが，宇宙とのつながりに対する反論として広く引用されることになった．

このような安易な主張に対して，ルイスとクマールは，赤い雨に含まれていた細胞は，普通の藻類とも赤血球とも形態学的に異なっていることを示した．この結果は，彼らとは独立して実証が済んでいる．そしてまた，赤い雨の細胞は，非常に変わった，さまざまな特性をもっていて，あらゆる点から地球外に起源があることを示していることが証明されている．

入手可能なあらゆる実験データに加えて，最初に赤い雨が降ったときには，おそらく流星物質の爆発によるものと思われる衝撃波が，まず発生していたという証言がある．したがって，地球外に起源をもつ可能性は非常に高いといえそうだ．また赤い雨が降った場所の地理的パターンと時間分布とをみても，地球起源とする仮説とは，まったく合致しない．むしろ上層の大気中で崩壊した，もろい彗星の破片を起源としたほうが，つじつまが合う．加えて，上層大気中にまずばらまかれ，その後小さな粒子が長い時間をかけて降下したために，数週間にわたって赤い雨が降り続いた，と説明することができる．あるいは，6 月 25 日に最初に降った赤い雨細胞の供給後，地球の雲が局所的な生息場所となり，そこで数回にわたって，断続的に増大したと考えることも可能である．

ケラーラの赤い雨と未同定赤外線放射帯（UIB）の赤外線吸収ピークの一致

2009 年に筆者は，ゴドフリー・ルイスからケラーラ州の赤い雨のサンプルを提供してもらった．このサンプルについて，カニ・ラウフ，三宅範宗，ラジクマール・ガンガッパの博士課程学生 3 人が，さまざまな方法で調査を行った．その研究結果は，3 人の博士論文の大部分を構成する要素となった．ラウフと三宅の論文はカーディフ大学に，ガンガッパのものはグラモーガン大学に，それぞれ提出された．研究結果が三つの博士論文にまとめられた後でも，赤い雨細胞が特定できていない．このこと自体が，それが宇宙由来であることを物語っている．それが本当に，よくみられるスミレモ属のような藻類だとしたら，もっと以前に特定されていただろう．

カニ・ラウフは，ケラーラ州の赤い雨の調査をさらに続けたが，その結果はルイスとクマールの研究結果（2003, 2007）と大体似たようなものとなった．図 14.2 に，透過電子顕微鏡で見た画像を示す．暗い色で着色してみると，どの細胞も，内側と外側と，二つの非常に厚い細胞壁で囲まれていることがわかる．細胞壁の厚さは平均 6,000 Åだった．さらに多くの細胞が，2,000 ～ 3,000 Åの被膜で，外側が覆われていた．

赤い雨の細胞が，宇宙由来であるとすれば，それは星間物質に共通するスペクトル特性ももっているかもしれない．ラウフは，フーリエ変換赤外線分光計（FTIR）を使用して，赤い雨細胞の赤外線スペクトル特性を測定した（図 14.3）．ここには，2.9，3.4，6.0，6.2，6.8，7.2，7.7，9.6，10.3，11.0，12.4，13.3，18.5，21.0 μm の波長を中心とした，吸収ピークが示されている．そしてそのほとんどは，表 14.1 に示すとおり，原始惑星系星雲のいわゆる未同定赤外線放射帯（UIB）のピークと，おもしろいほどに一致している．前の章で，これらは恒星や惑星の形成される領域であることを述べたが，この関連性は重要なものと思われる．赤い雨の物質の紫外線スペクトルも，2,175 Å付近に吸収ピークが現れていた．これは銀河内や，観察が可能な宇宙の大部分に存在する星間塵の特性である．この特徴は図 14.4 に示したスペクトルに現れている．

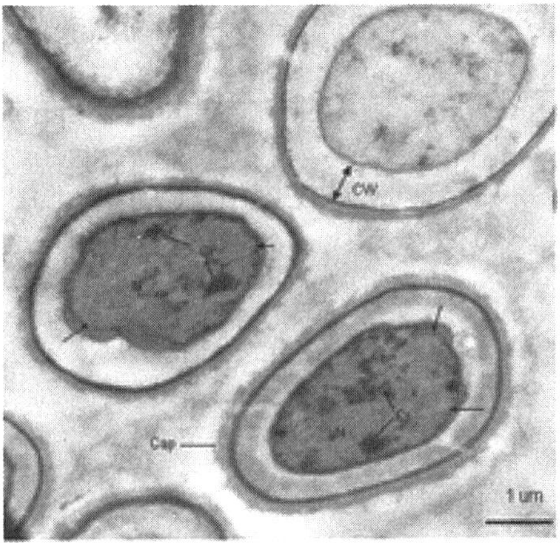

図 14.2　透過電子顕微鏡法で見た赤い雨の細胞の断面（Rauf, 2012）．

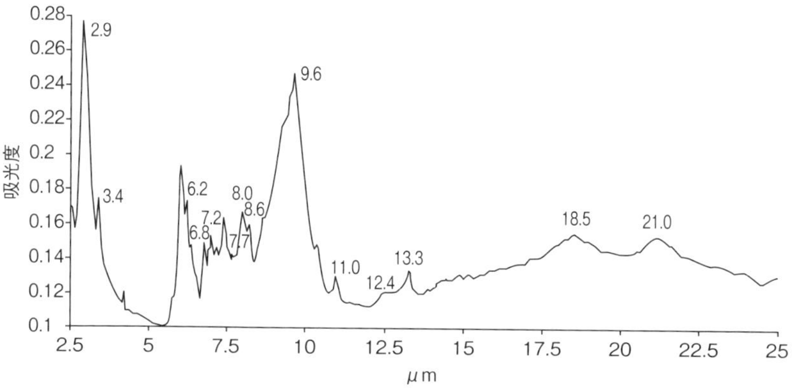

図 14.3　臭化カリウム法による，赤い雨のサンプルの FTIR（フーリエ変換赤外分光光度計）のスペクトルと，赤い雨細胞と天文学的放射帯の赤外線吸収ピークの分布．

表 14.1　赤外線吸収ピーク（μm）．原始惑星系星雲（PPN）と赤い雨（RR）との比較．

PPN	3.3	3.4	6.2	6.9	7.2	7.7	8.0	8.6	11.3	12.2
RR 細胞		3.4	6.2	6.8	7.2	7.7	8.0	8.6	11.0	12.4

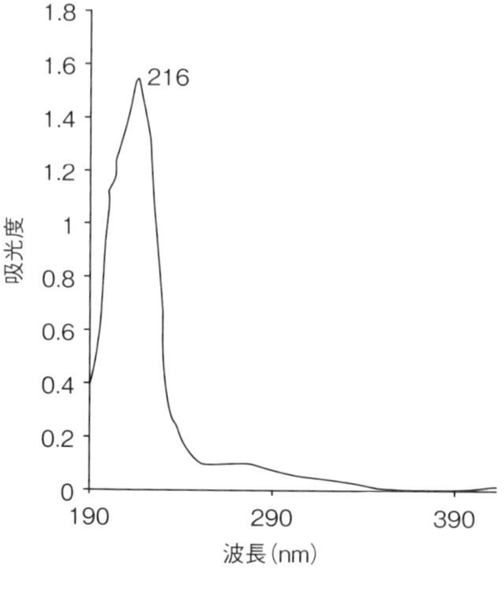

図 14.4　ケーララ州の赤い雨サンプルの，紫外線から可視光までのスペクトル．2,070 Å を中央値とした，際立ったピークがみられる（Louis & Kumar, 2007）．

赤い雨と星間塵の相似

第6章では，一連の複雑な生化学的性質と関係があると思われる，星間塵の別の特性について指摘した．これは，広域赤色輻射（ERE）と呼ばれるもので，銀河の特定の領域にみられる星間塵と結びつけられる，蛍光発光現象である．この蛍光発光特性は，励起青色光，または紫外線放射源のすぐ近くに塵が存在するような，さまざまな天体で観測される．第6章で取り上げたとおり，EREを示す物質は，2,175 Åでの星間減光特性の原因となるものと同じ，炭素化合物である可能性がある．同じ関連性を，図14.5に示したスペクトルを生み出す，赤い雨の分子に見つけられるかもしれない．

図14.5（左）は，原始惑星系星雲NGC 7023での，標準化した広域赤色輻射を示している．この星雲は，銀河系や銀河系の外にある，その他多くの放射源と似たところがある．この現象について，PAHによる非生物的な説明が依然として試みられているものの，これまでのところほとんど成功していない．

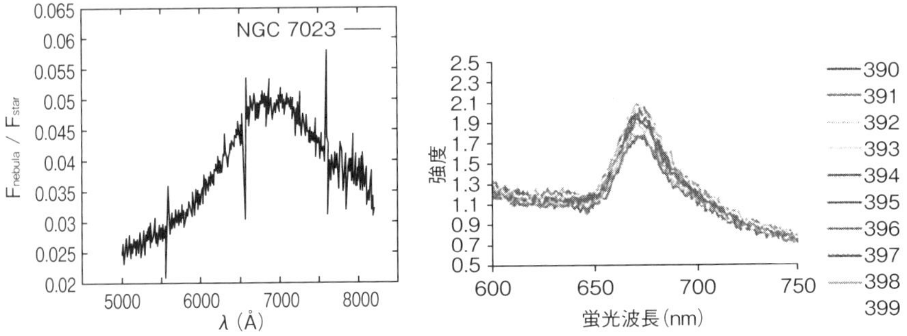

図14.5　NGC 7023からの広域赤色輻射（左図）と，さまざまな励起波長での赤い雨の細胞の蛍光スペクトルとの比較（Gangappa *et al.*, 2010）．

リン酸がない（DNAがない）のに増殖するケーラーラの赤い雨細胞

ケーラーラ州に降った赤い雨細胞の蛍光発光に関する研究（図14.5の右）により，ERE現象と似た顕著な蛍光発光の放出特性があることがわかった．

ケーラーラ州の赤い雨細胞の特性に関して，最も際立った主張は，この細胞が，高圧室のなかの450℃の温度で複製するというものだろう（Louis and Kumar,

2006)．この温度では，DNA は破壊され，その他の生体高分子も変性してしまうと思われる．赤い雨細胞の元素の分析を行ったところ，50 % は炭素であることがわかったが，ルイスとクマール（2006）は，細胞内にリンを見つけることができなかった．リン酸基は，DNA の二重らせん構造の重要な部分を形成するものなので，リンが発見されなかったというのが本当であるなら，DNA が細胞内に存在しないということになる．これは，ゴドフリー・ルイスが主張していることだ．DNA は，地球上に存在するあらゆる細胞のなかで，情報内容を伝達する遺伝物質であるから，DNA がないとすれば，地球外を起源とするものである可能性が非常に高いことになる．何らかの形で，DNA に基づかない鋳型をもった赤い雨の細胞の存在について，いろいろと推測することができるだろう．次の研究は，リンなどの鋳型はもたないのに，細胞の情報内容を保持し，伝達することのできる，DNA 前駆体を特定することだろう．そうでなければ，複製も増殖も不可能となるからだ．

何人かの研究者によって，赤い雨細胞の DNA の有無に関して，矛盾する結果が導き出されていた．生物学者は，DAPI という色素を使って，細胞内の DNA を検出しようとした．細胞核内の DNA は，DAPI 色素と結合するので，蛍光発光して見えるようになる．この発色によって，DNA が含まれていると推測できるのである．これらの試験が，赤い雨の細胞に適用される場合，DNA が存在するという結果が出ることがある．この場合，「リンが含まれていない」という矛盾した結果を解決する必要がある．しかしながら，配列を決定するという観点から，DNA を赤い雨の細胞から隔離する試みが何度か行われているものの，これまでのところ，いずれも失敗に終わったという事実がまだ残っている．そういうわけで，これらの細胞の性質に関する謎は深まるばかりである．

さらに混乱させられることには，赤い雨細胞が複製されることである．このことは独自に確認されているので，この細胞は，生物としての基本要件である増殖を確かに行っていることになる．高温での培養実験により，この細胞は標準的な培地において，121℃の温度でも，オートクレーブ（圧力釜）による高圧条件下でも複製することができた（Gangappa *et al.*, 2012）．室温でも，細胞壁から娘細胞が突き出すという出芽のプロセスなど，複製サイクルの徴候が観察

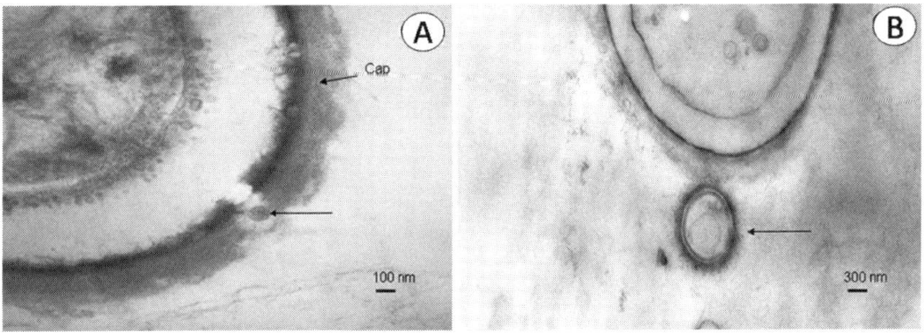

図 14.6　娘細胞の出芽（Rauf, 2012）.

されている．これを透過電子顕微鏡で見たものを図 14.6 に示す．

2012 年末までは，ケーララ州の赤い雨に関するわれわれの調査は，袋小路に入り込んでいた．比較的よくみられる藻類の種である，スミレモ（Trentepohlia）と同じであるという説が，誤りであることは証明されている．類似性は，表面的な認識レベルから明らかである．しかし，微細構造を見ると明らかな違いがある．さらに重要なことは，スミレモ属の藻類（Trentepohlia auriga）の DNA はすぐに抽出して，配列を決定することができるのに対して，赤い雨の細胞では，それが不可能である．こうしたことを全て考え合わせると，ケーララ州の赤い雨の細胞は地球外に起源をもつ未知の微生物ということになる．

スリランカの赤い雨

2012 年 11 月 14 日の朝，スリランカの古都ポロンナルワと，その周囲の地区の上空が暗くなると，数時間にわたって赤い雨が断続的に降ってきた．前の節で述べていたケーララ州の赤い雨が，とうとうスリランカにも降ったのである．そして，11 月のもっと早い時期と 12 月とに，この地域で火球の目撃報告が数多く寄せられた．普通，この時期におうし座やしし座やふたご座といったよく知られた定常流星群の流星活動がピークに達する．このような流星群が発生するのは，地球の軌道と特定の彗星から放出された塵粒子の軌跡とが交差するためである．そして，このときはおうし座流星群の時期であったから，エンケ彗星の破片と交差したことになる．

デイヴィッド・アッシャーは，2012 年のこの時期になると，61 年周期のおうし座流星群の強度のピークが訪れ，このときには大きな破片が多くなると予測していた．したがって，火球の目撃が，より頻繁になったのは，2012 年の 11 月と 2013 年の 12 月だったことは，驚くには当たらない．隕石と，凝結核と，雨との間にある関係も，第 11 章で述べた説に基づいて予想できるだろう．この関連性は，2012 年 12 月にスリランカに落下した隕石に，ケララーラの赤い雨細胞と形態が似た細胞のようなものが発見されたことで，確かなものとなったかもしれない．それを図 14.7 に示す（Wickramasinghe *et al.*, 2013）．

これを根拠として，流星物質によってまき散らされた赤い雨の細胞が，スリランカに赤い雨を降らせた原因だったかもしれないと推測できそうだ．

ケララーラ州の場合と同じく，雨量はそれほどではなかったものの，数千 km^2 の範囲に赤い雨が降った．しかしながら，最も激しく雨が降ったのは，11 月 14 日に最初に赤い雨が降った場所だった．スリランカ医学研究所所長のアニル・サマラナヤケのつてで，筆者は，赤い雨のサンプルをイギリスで研究するために譲り受けた．これらの赤い細胞を三宅範宗が分析したところ，ケララーラ州で降った赤い雨の細胞と非常によく似ていることが明らかになった．そして元素分析を行った結果，ケララーラ州の赤い雨と同様に，細胞にはリンが含まれていなかった．また三宅は，細胞壁の外層にウランが含まれていることを発見した．ウランは地球上では希元素なので，地球上で生物がウランを濃縮して，その地球生物が，大量に成層圏まで吹き上げられることは，まずありえない．

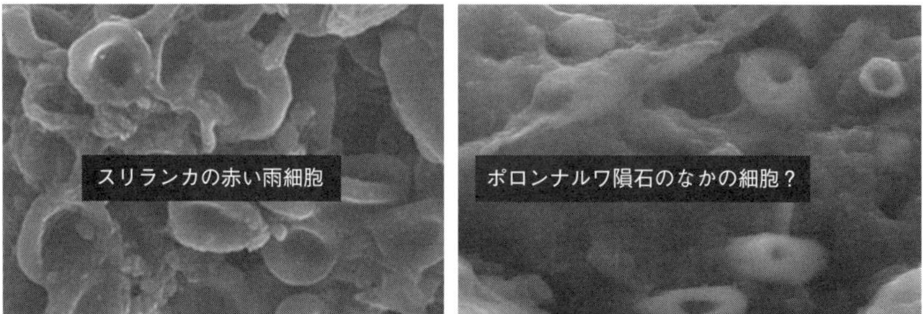

図 14.7　スリランカの赤い雨細胞と，ポロンナルワ隕石から見つかった類似の構造との走査電子顕微鏡画像を比べたもの．

また，スリランカナノテクノロジー研究所が独自に行った研究により，リンが存在しないことも裏付けられた．

ケララ州の赤い雨の場合と同じく，科学界は相変わらず，これらの細胞の起源について判断を下しかねている．しかし細胞が地球外から来たものだということを示す強力な手がかりがある．もし，これらの細胞に，リンが本当に含まれていないとすれば，赤い雨とともに降ってきたその生物は，DNA に基づく生細胞と，相互作用ができないといえそうである．つまり，空から降ってきたが，地球では根付くことのない宇宙の生命体であるのかもしれない．

終章

Epilogue

現代の宇宙論

科学の歴史は，権威に対する反乱によって鮮やかに彩られている．科学において一旦一つの体系が強固に確立されると，それを変えることは，例えその一部であっても，そしていかに決定的な証拠を提示しようとも困難である．社会組織が科学に勝るのだ．特に，宇宙論は，結論に至るまで議論は過激で長期化する傾向がある．最近では，1960 年代の「標準的なビッグバン宇宙論」に対するフレッド・ホイル，ヘルマン・ボンディ，トーマス・ゴールドの「定常宇宙論」との対立がある．これは，主に宇宙背景放射の発見によって，一応，広義のビッグバン宇宙論に落ち着いた．今や，恒星や銀河に存在するほとんどの物質の起源は，何らかのビッグバン，あるいは爆発事象由来であることは疑いがない．しかし，宇宙論のなかに，未だ，いくつかの宇宙創成モデルが存在する．準定常宇宙論（QSSC）という考えは，フレッド・ホイル，ゴーファリー・バービッジ，ジャヤント・ナリカールによって 1990 年代に提唱された．準定常宇宙論は，まだ十分な支持は得られていないものの，現存する天文学の証拠と整合するモデルの一つである．

銀河系内，銀河系外における微生物の移動の前提として，もっとも肝要なことは，生命の根源となる，炭素，窒素，水素，リンが潤沢に存在することである．この条件を満たすのは，宇宙のなかで，恒星の誕生が進行中の場所である．したがって，そこにアクセスできることが微生物の宇宙空間移動の条件となる．このような条件を比較的均等にもたらすのが，われわれの銀河の腕であるとか，銀河ハローである．この銀河ハローが，恒星創成の材料を提供しているだけでなく，生命の貯蔵と散布にも関与していることが最近示された．分光器による銀河系外の研究によって，生命の源となる莫大な炭素質の材料が存在することも示された．また，固形およびガス状段階の複雑な有機化合物が存在することも明らかになっている．

本書において強調したことは，生命を生命たらしめているのは，生命を構成する分子のなかに天文学的な情報が含まれていることである．特に，酵素を形成するアミノ酸と，DNAおよびRNAの核酸塩基である．この生命の基幹的な情報は，宇宙のどこかで一旦生成されたなら，それは細菌やウイルスのなかに留まり，無数に存在する惑星で継続的に再生し再編される．生命情報のもっとも効率のよい宇宙伝播は，鉄のヒゲ状構造に微生物が付着して移動することである．この典型的な鉄ヒゲ構造は，直径0.02 μm，長さ約1 mmであり，金属蒸発冷却（Hoyle and Wickramasinghe,1988）として，超新星爆発エンベロープに都合よく凝縮する大きさだ．この鉄ヒゲ構造は，それに付着した微生物のヒッチハイカーとともに，その出発点となる母銀河から赤外線によって極めて強力に放出される．その典型的な最大速度は，宇宙銀河間で～ 10^4 km/sとなる．

このような，高速で移動する鉄ヒゲ構造に，たとえ僅かでも生き残った「メッセージ（情報）」が付着していたとすれば，生命は，直径～50 Mpcに及ぶ銀河間空間を，地球全史の45億年くらいの間に拡散することができる．この空間には，～ 10^6 の銀河が存在する．たとえ一部の遺伝情報が破壊されていたとしても，その生命情報を細菌あるいはウイルスが伝達することに何ら支障がない（Wesson, 2010）．

生命の起源探求に関する現代の天文学の過ちはその方向性にある．生命が芽生える可能性を秘めた，ありとあらゆる場所に生命の誕生を探求している．これは，ほとんど勝ち目のない追求である．単に事実の卑小化であるだけでなく，現存する全ての事実を嘲弄するものだ．宇宙のどこかで，そしてどのようにして生命が誕生したのか．この問いを解明するのに，生命が繰り返し誕生したのだという前提は，ありえないことであり，無意味な議論であると考えるべきだ．生命の継続と拡散は，本書に示したとおり，パンスペルミアの過程によって保証されている．特に，最新の情報によると，生命居住可能領域にある惑星は，われわれの銀河系だけでも数千億個にもなる．したがって，パンスペルミアは自明のことである．

いわゆる標準的なダークマター‐ダークエネルギー宇宙論は，宇宙創成の最終結論のように広く考えられているようだが，筆者は，これは時期尚早であると考えている．天文学の歴史はいつも，それぞれの時点における答えが最終的なものであり，これ以上変更などない，絶対的なものであると信じられてきた．このことを示しているにすぎない．しかし，過去の歴史は，その自信が間違っていたことも示している．したがって，大きな科学の論点については心を開いて偏見をなくしておくことが大切だ．現存する観察データに合致する，いくつかの天文学モデルが存在していることを認識しておかなくてはならない．

準定常宇宙論とHGD宇宙論

準定常宇宙論（Hoyle *et al.*, 2000）では，Q ≈ 400 ～ 500 億年という短期振動を続けながら，宇宙は，P≈1 兆年という時間で幾何級数的に膨張する．それぞれの振動サイクルのはじめに最大密度となるように，新物質が生成される．この物質は，このサイクル中に処理され，物理的にも生物学的にも進化する．肝心なことは，新物質が必要な形態になる進化の行程が，1 サイクルを Q≈500 億年（50 Gyr）とする期間が，20 回繰り返される時間内に収まるよう進み，膨張期間 P にわたり定常レベルが続くことだ．現状の天文学の観察に整合するという意味では，宇宙の最新のサイクルは，138 億年前にはじまったと考えればいいわけである．

もし，生物学的浸透部分が 50 億年ごとに 2 倍になると仮定すると，Q≈500 億年では，2^{10}（約 10^{3}）倍となる．これが P ≈ 1 兆年となると，～ 10^{60} 倍にまで増殖する．したがって，準定常宇宙論では P 期間という超長期にわたる時間スケールにおいて，生命を維持することが可能だ．ということで，宇宙の全期間を通じ，生命の絶滅という事態が生じた場合，そこからの生命の復帰及び維持という現象を説明する上で，この宇宙モデルが，最も整合性があると結論できる．しかしながら，現存する一連の天文学上の観察データと矛盾しないにもかかわらず，準定常宇宙論は宇宙論の主流とはなっていない．

本書では，まだマイナーな地位にとどまっている，カール・H・ギブソンとルドルフ・E・シルドゥ（2003）による，流体重力力学（HGD）を重要なものとして取り上げた．このモデルは，最新のサイクルを 138 億年前とする，準定常宇宙論と整合する．流体重力力学宇宙論の要点は，宇宙の構築物の形成にとって，粘着力を無視することはできないということである．粘着が起動となって，まず3万年に10^{49} gの総量（何千という銀河）に断片化し，30万年後には，～10^{46} gの総量に断片化する．これらの銀河の原型は，プラズマ（イオン化水素）の形態であり，続いて，プラズマが中性ガスに再編されると，二つの塊になる．約138億マイナス30万年前の銀河原型は，一つは10^{39} g，そして二つ目は10^{27} gの塊によってできていた．この二つの塊は，原始惑星を形成している．原始惑星は，主に水素とヘリウムと重元素によってできている．この重元素は，小断片が合体して大型恒星となったとき，そして超新星爆発のときに形成された．

生命の起源（あるいは，準定常宇宙論では再起源）の最適な条件は，高圧と高濃度の重元素内の高温を要する原始惑星によって提供される．このような原始惑星の数は，宇宙におよそ10^{80}個存在すると推定されているが，その間に無数に宇宙の胚種分布が往来したことを考えると，生命の発生が一度起きたのなら，それが二度と繰り返される必要はなかったはずだ．そのような発生の起源は，ビッグバン・タイプの宇宙創成から2～800万年経過したときである．

宇宙の炭素は生命存在の証し

赤外線および紫外線の波長に関する天文データは，ビッグバン発生後数億年以内に誕生した赤方偏移で最大$z=5$の銀河の中に生命に関わる分子が存在する証しを示している．もし，恒星近辺に豊富に存在する，炭素や恒星による元素合成由来の物質を生命の前兆と解釈することができるのであれば，そのような証拠は，ビッグバンにより近い時期に誕生した，より高い赤方偏移を示す銀河にも沢山ある．このことから（また同様のデータから），生命の原料供給ともいえる恒星の元素合成の生成物は，観察できる最大の赤外偏移に至るまで，豊富に存在していたことが推察される．かくして，宇宙の生命の起源は限りなく，標準天文学でいうビッグバン時に近づいた．そして，少なくとも最初の銀河誕生前に遡ることになった．

地球に侵入する外来微生物は，生きていようが死んでいようが，合理的な根拠に基づくかぎり，（人類に悪い影響があるか否かといった）心配は不要である．そのような侵入は，全地球史を通じて続いていたと仮定するならば，なおのこと心配不要である．異星の知的生命の発見については，相応な危惧があってしかるべきだが，極めて原始的，かつ素朴な，地球外を起源とする微生物は脅威とはならない．異星微生物の発見も国家の主権や防衛，あるいはこの宇宙の一角に君臨している人間の恵まれた生活を脅かすものではない．

宇宙に溢れる有機物は生命にたどりつく

過去30年間，系外惑星微生物の証しが急増した．これに従って，科学の権威から，そのようなデータの否定とか糾弾とか，ときによっては異星生命推唱者を侮辱するという傾向が出現した．筆者は，1970年代に故フレッド・ホイルとともに星間塵の性質の研究をしていた．

この時期は，星間塵粒子が有機化合物であるという証拠が多く検出されていた．それまでは，星間塵粒子は無機物の氷であると信じられていた．しかしながら，われわれは，そのなかに複合有機化合物のポリマーが含まれていて，それが生物の起源の可能性であることを示した（Wickramasinghe, 1974; Wickramasinghe *et al.*, 1977; Hoyle and Wickramasinghe, 1977 a, b）．この発見は，天文学者にとっては驚きであった．そして，これらの分子が地球上の生命につながっているという発見は，長い期間，抵抗にあった（Hoyle and Wickramasinghe, 1986）．

1960年代と1970年代の生物学者は，生物学と天文学の密接な関係に，全く気付いていなかった．生物学の神聖化された生命の出発点とは，原始地球に存在した，無機分子からなる原始スープのなかから自然発生したという仮説（化学進化説）だ（Oparin, 1953）．

膨大な有機分子化合物が，星間雲に存在している（Hoyle *et al.*, 1978; Kwok, 2009）という発見以前は，地球上の化学物質から生命が芽生えたという仮説にはそれなりの意味があったと思える．ホイルと筆者は，星間塵が複合生化学混合物であると主張し，つづいて星間雲に存在する複合有機分子と地球上の生命との関係を示した，最初の研究者グループの一つである（Hoyle and Wickramasinghe, 1976, 1978, 1981）．銀河に有機塵とPAH型分子の形で存在する有機物は，星間空間に存在する炭素の3分の1に相当する．これは，数10億の恒星質量に匹敵する，真に膨大な量だ［（Kwok, 2009）によるレビュー参照］．筆者が，はじめて系外惑星に関する検閲を意識したのは，フレッド・ホイルと筆者が，宇宙における前駆生物から地球系外の本格的な生物学（Hoyle and Wickramasinghe, 1976, 1982; Hoyle *et al.*, 1984）へと，知的な飛躍を果したときだ．星間粒子は，単なる非生物有機ポリマーではなく，退化段階（ステージ）における細菌の細胞膜であるという仮説を探求しようとしたとき，われわれは赤外線スペクトル領域に映る星間塵は，細菌に特有のものであるに違いないという予想をした（Hoyle *et al.*, 1982）．この予測は，劇的な出来事によって証明された．銀河の中心近くの，GC-IRS7 の赤外線スペクトルとわれわれが予測した細菌の吸収カーブとが，極めて近似していることが発見された．この発見は，偶然の観察結果によるものであったが，その予測は 3 カ月前に立てたものであった（Hoyle *et al.*, 1982）．

第 5 章で，星間塵と分子の紫外線から赤外線間の波長の観測によってそれらが生命起源であることを示した．星間塵粒子と分子の大部分は，生命由来であるようだ．ということは生命が銀河に限らず宇宙規模で生存していることを示唆している．第 12 章および 14 章では，インド，ケララ州およびスリランカに降った赤い雨，そしてスリランカに落下した隕石は，生命の宇宙由来論を支持する，鮮烈な証拠を提供している．

宇宙の決定者は宇宙

21 世紀の科学が直面しているハンディキャップは，極度の専門化だ．19 世紀，20 世紀の博識家は，希少になった．それぞれの学問分野の莫大な情報量は，ある程度専門化しなくてはならない傾向を予見している．しかしながら，その欠点は，領域横断的な学問の交流・推進が疎外されることだ．これが，生命の宇宙理論の一般化を遅らせている一因と思う．天文学者にとって，星間粒子と細菌が関係しているといわれても，しっくりこないことは当然のように思える．また，生物学者にとって，自分の分野に天文学が侵入することは，同じように不快な思いをもつのであろう．しかしながら，宇宙は広大であり包括的である．2014 年段階では，全ての重要な事実が生命の宇宙起源を支持する方向に収束している．事実に抵抗したり（それを防げる）検閲をすすめることは長い目で見て無益なことだ．最終決定権はいつも宇宙にある．

参考文献

A'Hearn, M. F. *et al*., 2005. *Science*, 310, 258.

Abel, D.L. and Trevors, J.T., 2006. *Physics of Life Reviews*. 3, 211.

Abel, D.L., 2009. *Theor Biol. Med. Model*, 6(1), 27. Open access at http://www.tbiomed.com/content/6/1/27.

Allen, D.A. and Wickramasinghe, D.T., 1981. *Nature*, 294, 239.

Alley, R.B., 2002. *The Two-Mile Time Machine: Ice Cores, Abrupt Climate Change, and our Future*, Princeton U. Press, Princeton.

Al-Mufti, S. *et al*., 1983. In *Fundamental Studies and the Future of Science* (ed. C. Wickramasinghe), University College Cardiff Press, p. 342.

Altwegg, K., Balsiger, H., Bar-Nun, A. *et al*., 2016, *Sci.Adv*. 2016; 2; e1600285, 27.

Alvarez, L.W. *et al*., 1980. *Science*, 208, 1095.

Andrewes, C., 1965. *The Common Cold*, W.W. Norton, New York.

Arrhenius, S., 1903. *Die Umschau*, 7, 481.

Arrhenius, S., 1908. *Worlds in the Making*, Harper, London.

Asher, D.J. and Clube, S.V.M., 1993. *Quarterly J. Roy. Astro. Soc*., 34, 481-511.

Baillie, M.G.L., 1994. *The Holocene*, 4, 212-217.

Baillie, M.G.L., 1996. *Acta Archaeologica*, 67, 291-298.

Bianciardi, G. *et al*., 2012. *IJASS*, 13(1), 14.

Bieler K, Altwegg H, Balsiger A. *et al*., 2015, *Nature* 526, 678–681 doi:10.1038/nature15707.

Bidle, K. *et al*., 2007. *Proc. Natl Acad. Sci. USA*, 104(33), 13455.

Bigg, E.K., 1983. In *Fundamental Studies and the Future of Science* (ed. C. Wickramasinghe), University College Cardiff Press, p. 38.

Biver, N., Bockelee-Morvan, D, Moreno, R. *et al*., 2015, *Sci.Adv*. 1: e1500863.

Bohler, C. *et al*., 1995. *Nature*, 376, 578.

Borucki, W.J. *et al*., 2010. *Science*, 327, 977.

Boto, L., 2009. *Proc. R. Soc. B* 2010 277, 819-827.

Bowen, E.G., 1956. *Nature*, 117, 1121.

Brownlee, D.E. *et al*, 1977. *Proc Lunar Sci. Conf. 8th*, pp. 149-160.

Burchell, M.J. *et al*., 2004. *Mon. Not. Roy. Astr. Soc*., 352(4), 1273-1278.

Cairns-Smith, A.G., 1966. *J. Theor. Biol*., 10, 53.

Cano, R.J. and Borucki, M., 1995. *Science*, 268, 1060.

Capaccione F, Coradini A, Filacchione G., 2015, *Science* 347 (6220).

Cassan, A. *et al*., 2013. *Nature*, 481, 167.

Cataldo, F., Keheyan, Y. and Heymann, D., 2002. *Int. J. Astrobiol*., 1, 79.

Claus, G. and Nagy, B., 1961. *Nature* 192, 594.

Claus, G., Nagy, B. and Europa, D.L., 1963. *Ann. NY Acad. Sci*., 108, 580.

Clemett, S.J. *et al*., 1993. *Science*, 262, 721.

Clube, S.V.M. *et al*., 1996. *Astrophysics and Space Science*, 245, 43-60.

Clube, V. and Napier, W.M., 1990. *The Cosmic Winter*, Basil Blackwell, Oxford.

Cockell, C.S., 1999. *Planetary and Space Science*, 47, 1487.

Cole, A.E., Court, A. and Kantor, A.J., 1965. Model atmospheres, in *Handbook of Geophysics and Space Environments* (ed. S.L. Valley), Air Force Cambridge Research Laboratories, p. 22.

Crick, F.H.C. and Orgel, L.E., 1973. *Icarus*, 19, 341.

Crovisier, J. *et al.*, 1997. *Science*, 275, 1904.

Darbon, S., Perrin, J.-M. and Sivan, J.-P., 1998. *Astron. & Astrophys.*, 333, 264.

Darwin, C. and Wallace, A.R., 1858. *Zool. J. of the Linnean Soc.*, 3, 46.

De Groot, N.G. *el al.*, 2002. *Proc. Natl. Acad. Sci. USA*, 99, 11748-11753.

Deamer, D., 2011. *First Life*, University of California Press, Berkeley, California.

Draine, B.T., 2003. *Ann. Rev. Aston. Astrophys.*, 41, 241.

Dressing, C.D. and Charbonneau, D., 2013. *Astrophys. J.*, 767, 95.

Elíasdóttir, Á. *et al.*, 2009. *Astrophys. J.*, 697, 1725-1740.

Fagerbakke, K.M., Heldal, M. and Norland, S., 1996, *Aquat.Microb.Ecol.*, 10, 15-27.

Franck, S. *et al.*, 2003. *Int. J. Astrobiol.*, 2, 35.

Furton, D.G. and Witt, A.N., 1992. *Astrophys. J.*, 386, 587.

Gangappa, R., Wickramasinghe, C., Wainwright, M. *et al.*, 2010. *Proc. SPIE*, 7819, 78190N1.

Gangappa, R., 2012. PhD Thesis, University of Glamorgan, UK.

Gibson, C.H. and Schild, R.E., 2009. *Appl Fluid Mech.*, 2(2), 35-41. arXiv:0808.3228.

Gibson, C.H., Schild, R.E. and Wickramasinghe, N.C., 2011. *Int. J. Astrobiol.*, 10(2), 83-98.

Gibson, D.G. *et al.*, 2010. *Science*, 329, 52-56.

Gould, S. and Eldridge, N., 1977. *Paleobiology*, 3(2), 115-151.

Gregory, R.H. and Monteith, J.L. (eds.), 1967. *Airborne Microbes - Symposium for the Society of General Microbiology*, Vol. 17, Cambridge University Press.

Haldane, J.B.S., 1928. *Possible Worlds*, Hugh and Bros, New York.

Haldane, J.B.S., 1954. *New Biology*, 16, 12.

Harris, M.J., Wickramasinghe, N.C., Lloyd, D. *et al.*, 2002. *Proc. SPIE*, 4495, 192.

Hoover, R.B., 2005. In *Perspectives in Astrobiology* (eds. R.B. Hoover, A.Y. Rozanov and R.R. Paepe), IOS Press, Amsterdam, pp. 43-65.

Hoover, R.B., 2011. *Journal of Cosmology*, 13, 3811-3848.

Horie, M., Honda, T., Suzuki, Y. *et al.*, 2010. *Nature*, 463, 84-87.

Horneck, G., Mileikowsky, C., Melosh, H.J. *et al.*, 2002. In *Astrobiology. The quest for the conditions of life* (eds. G. Horneck, C. Baumstark-Khan), Springer, Berlin.

Hoyle, F., 1993. *Origin of the Universe and the Origin of Religion*, Moyer Bell, Rhode Island.

Hoyle, F., Burbidge, G. and Narlikar, J.V., 2000. *Alternative Cosmology*, Cambridge University Press.

Hoyle, F. and Wickramasinghe, N.C., 1962. *Mon. Not. Roy. Astr. Soc.*, 124, 417.

Hoyle, F. and Wickramasinghe, N.C., 1969. *Nature*, 155, L181.

Hoyle, F. and Wickramasinghe, N.C., 1976. *Nature*, 264, 45.

Hoyle, F. and Wickramasinghe, N.C., 1978. *Lifecloud: The origin of life in the Universe*, J.M. Dent, London.

Hoyle, F. and Wickramasinghe, N.C., 1979. *Diseases from Space*, J.M. Dent, London.

Hoyle, F. and Wickramasinghe, N.C., 1981. *Evolution from Space*, J.M. Dent, London.

Hoyle, F. and Wickramasinghe, N.C., 1982. *Proofs that Life is Cosmic*, Memoirs No. 1, Institute of Fundamental Studies, Sri Lanka. www.panspermia.org/proofslifeiscosmic.pdf.

Hoyle, F. and Wickramasinghe, N.C., 1986a. *Nature*, 322, 509.

Hoyle, F. and Wickramasinghe, N.C., 1986b. *Earth. Moon and Planets*, 36, 289.

Hoyle, F. and Wickramasinghe, N.C., 1990. *J. Roy. Soc. Med.*, 83, 258-261.

Hoyle, F. and Wickramasinghe, N.C., 1991. *The Theory of Cosmic Grains*, Kluwer Academic Press, Dordrecht.

Hoyle, F. and Wickramasinghe, N.C., 2000. *Astronomical Origins of Life: Steps towards Panspermia*, Kluwer Academic Press, Dordrecht.

Hoyle, F., Wickramasinghe, N.C. and Al-Mufti, S., 1984. *Astrophys. Sp. Sci.*, 98, 343.

Hoyle, F., Wickramasinghe, N.C. and Pflug, H.D., 1985. *Astrophys. Sp.Sci.*, 113, 209.

Jain, R., Rivera, M.C., Moore, J.E. *et al.*, 2003. *Mol. Biol. Evol.*, 20(10), 1598-1602.

Johnson, F.M., 1971. *Ann. New York Acad. Sci.*, 194, 3.

Johnson, F.M., 1972. *Ann. NY Acad. Sci.*, 187, 186.

Jones, B.W. *et al.*, 2005. *Astrophys. J.*, 622, 1091.

Joseph, R. and Wickramasinghe, N.C., 2011. *Journal of Cosmology*, 16, 6832-6861.

Kajander, E. and Ciftcioglu, N., 1998. *Proc. Natl. Acad. Sci. USA*, 95(14), 8274.

Kasten, F., 1968. *J. App. Meteorology*, 7, 944.

Keeling, P.J. and Palmer, J.D., 2008. *Nature Reviews Genetics*, 9, 605-618.

Kopparapu, R. *et al.*, 2013, *Astrophys. J. Lett.*, 767(1), L8.

Kristensen, L.E., van Dishoeck, E.F., Tafalla, M. *et al.*, 2011. *Astron. & Astrophys.*, 531, L1. arXiv: 1105.4884v1.

Kwok, S., 2009. *Astropys. Sp. Sci.*, 319, 5-21.

Lage, C.A.S. *et al.*, 2012. *Int. J. Astrobiol.*, 11(4), 251.

Levin, G. V. and Straat, P. A., 1976. *Science*, 194(4271), 1322-1329.

Lindahl, T., 1993. *Nature*, 362, 709.

Lisse, C.M., van Cleve, J., Adams, A.C. *et al.*, 2006. *Science*, 313, 635.

Louis, G. and Kumar, A.S., 2006. *Astrophys. Sp. Sci.*, 302, 175.

Manning, C.E., Mojzsis, S.J. and Harrison, T.M., 2006. *Am. J. Sci.*, 306, 303.

Matsuoka, K., Nagao, T., Mailino, R. *et al.*, 2011. *Astron & Astrophys.*, 532, L10.

Mattila, K., 1979. *Astron. & Astrophys.*, 78, 253.

Mayor, M. and Queloz, D., 1995. *Nature*, 378, 355.

McCafferty, P., 2008. *Int. J. Astrobiol.*, 7(1), 9-15.

McKay, D.S. *et al.*, 1996. *Science*, 273, 924.

Mileikowsky, C., Cucinotta, F.A., Wilson, J.W. *et al.*, 2000. *Icarus*, 145, 391.

Miller, S.L., 1953. *Science*, 117, 528.

Miller, S. L. and Urey, H.C., 1959. *Science*, 130, 245.

Miyake, N., Wallis, M.K. and Al-Mufti, S., 2010. *Journal of Cosmology*, 7, 1743.

Mojzsis, S.J. *et al.*, 1996. *Nature*, 384, 55-59.

Mojzsis, S.J., Harrison, T.M. and Pidgeon, R.T., 2001. *Nature*, 409, 178.

Morowitz, H. and Sagan, C., 1967. *Nature*, 215, 1259.

Morrison, P. and Cocconi, G., 1959. *Nature*, 184, 841.

Motta V., Mediavilla, E., Muñoz, J.A. *et al.*, 2002. *Astrophys. J.*, 574, 719-725.

Nagy, B. *et al.*, 1963. *Nature*, 193, 1129.

Nandy, K., 1964. *Publ. Roy. Obs. Edin.*, 4, 57; 3, 142.

Nandy, K., Morgan, D.H. and Houziaux, L., 1984. *Mon. Not. Roy. Astr. Soc.*, 211, 895.

Napier, W.M., 2010. *Mon. Not. Roy. Astr. Soc.*, 405, 1901-1906.

Napier, W.M., Wickramasinghe, J.T. and Wickramasinghe, N.C., 2007. *Int. J. Astrobiology*, 6(4), 321-323.

Narlikar, J.V., Wickramasinghe, N.C., Wainwright, M. *et al.*, 2003. *Current Science*, 85(1), 29.

Noterdaeme, P., Ledoux, C., Srianand. R. *et al.*, 2009. *Astron. & Astrophys.*, 503, 765-770.

Ohno, S., 1970. *Evolution by Gene Duplication*, Allen & Unwin, London.

Oparin, A.I., 1938. *The Origin of Life*, Macmillan, London (Original Russian book 1924).

Orgel, L. E. and Crick, F.H.C. 1968. *J. Mol. Biol*, 7, 238.

Pasteur, L., 1857. *C.R. Acad. Sci.*, 45, 913-916.

Perrin, J.-M., Darbon, S. and Sivan, J.-P., 1995. *Astron. & Astrophys.*, 304, L21.

Pflug, H.D. and Heinz, B., 1997. *Proc. SPIE*, 3111, 86.

Pflug, H.D., 1984. In *Fundamental Studies and the Future of Science* (ed. N.C. Wickramasinghe), University College Cardiff Press.

Ponnamperuma, C. and Mark, R., 1965. *Science*, 148, 1221.

Rauf, K. and Wickramasinghe, C., 2010. *Int. J. Astrobiol.*, 9(1), 29-34.

Russell, C. T. and Vaisberg, O., 1983. In *Venus* (ed. D.M. Hunten *et al.*), Univ. Ariz. Press, pp. 873-940.

Russell, C.T. *et al.*, 1982. In *Comets* (ed. L.L. Wilkening), Univ. Ariz. Press, p. 561.

Ryan, F. P., 2004. *J.R. Soc. Med.*, 97, 560-565.

Sagan, C. and Khare, B.N., 1971. *Science*, 173, 417.

Sampath, S. *et al.*, 2001. Colored Rain: A report on the phenomenon, CESS-PR-114-2001, Centre for Earth Science Studies, Thiruvananthapuram.

Sattler, B. *et al.*, 2012. *Geophys. Res. Lett.*, 28(2), 239.

Schild, R.E., 1996. *Astrophys. J.*, 464, 125.

Schmitt-Kopplina, P. *et al.*, 2010. *Proc. Natl. Acad. Sci. USA*, 107(7), 2763.

Schopf, J.W., 2006. *Phil Trans. R. Soc.* B, 361, 869.

Schopf, J.W., 1999. *Cradle of Life: The discovery of Earth's earliest fossils*, Princeton University Press.

Schulze-Makuch, D.H. and Irwin, L.N., 2002. *Astrobiology*, 2, 197.

Schulze-Makuch, D.H. *et al.*, 2004. *Astrobiology*, 4, 11.

Schwartz, R.N. and Townes, C.H., 1961. *Nature*, 190, 205.

Sharov, A.A., 2010. *Journal of Cosmology*, 5, 833-842.

shCherbak, V.I. and Makukov, M.A., 2013. *Icarus*, 224(1), 228.

Shivaji, S., Chaturvedi, P., Begum, Z. *et al.*, 2009. *Int. J. Systematic and Evolutionary Microbiology*, 59, 2977-2986.

Sivan, J.-P. and Perrin, J.-M., 1993. *Astrophys. J.*, 404, 258.

Smith, J.D.T., Draine, B.T., Dalie, D.A. *et al.*, 2007. *Astrophys. J.*, 656, 770.

Sumi, T. *et al.*, 2011. *Nature*, 473, 349.

Szomouru, A. and Guhathakurta, P., 1998. *Astrophys. J.*, 494, L93.

Tepletz, H.I., Desai, V., Armuo, L. *et al.*, 2007. *Astrophys. J.*, 659, 941-949.

Trevors, J.T., Pollack, G.H., Saier, Jr., M.H. and Masson, L., 2012. *Theor. Biosci.*, 131(2), 117-23. doi: 10.1007/s12064-012-0154-3.

Van de Hulst, H.C., 1949. *Recherche Astron. Utrecht*, 11, 2.

Van de Kamp, P., 1962. *Vistas in Astronomy*, 26(2), 141.

Vanysek, V. and Wickramasinghe, N.C., 1975. *Astrophys. Sp. Sci.*, 33, L19.

Venter, J.C.J., Adams, M.D., Myers, E.W. *et al.*, 2001. *Science*, 291, 1304-1351.

Vladimir, C. and Makukov, M., 2013. *Icarus*, 224(1), 228-242

Vreeland, R.H., Rosenzweig, W.D. and Powers, D., 2000. *Nature*, 407, 897.

Wachtershauser, G., 1990. *Proc. Natl. Acad. Sci. USA*, 87(1), 200.

Wainwright, M., Wickramasinghe, N.C., Narlikar, J.V. *et al.*, 2003. *FEMS Microbiol. Lett.*, 218, 161.

Wallis, M.K., Wickramasinghe, N.C., 2004. *Mon. Not. Roy. Astr. Soc.*, 348, 52-57.

Wallis, M.K., Wickramasinghe, N.C., 2015, *Astrobiol Outreach 3*, 12.

Wallis, J. *et al.*, 2013. *Proc. SPIE*, 8865, 886508-1.

Wallis, J., Miyake, N., Hoover, R.B. *et al.*, 2013. The Polonnaruwa meteorite: oxygen isotope, crystalline and biological composition, *Journal of Cosmology*, 22, 10004-10011.

Wang, X., Mitra, N., Secundino, I. *et al.*, 2012. *Proc. Natl. Acad. Sci. USA*, doi: 10.1073/pnas.1119459109.

Wesson, P., 2010. *Sp. Sci. Rev.*, 156(1-4), 239-252.

Wickramarathne, K. and Wickramasinghe, N.C., 2013. *Journal of Cosmology*, 22, 10075-10079.

Wickramasinghe, C., 2010. The astrobiological case for our cosmic ancestry, *Int. J. Astrobiol.*, 9(2), 119-129.

Wickramasinghe, C., 2011. Bacterial morphologies supporting cometary panspermia: a reappraisal, *Int. J. Astrobiol.*, 10(1), 25-30.

Wickramasinghe, C., 2011. Viva Panspermia! *The Observatory*, 131, 130.

Wickramasinghe, D.T. and Allen, D.A., 1980. *Nature*, 287, L93.

Wickramasinghe, D.T. and Alen, D.A., 1986. *Nature*, 323, 44.

Wickramasinghe, J.T., Wickramasinghe, N.C. and Napier, W.M., 2010. *Comets and the Origin of Life*, World Scientific, Singapore.

Wickramasinghe, N.C., 1967. *Interstellar Grains*, Chapman and Hall, London.

Wickramasinghe, N.C. and Wickramasinghe, J.T., 2008. *Astrophys. Sp. Sci.*, 317, 133.

Wickramasinghe, N.C., 2012. DNA sequencing and predictions of the cosmic theory of life, *Astrophys. Sp. Sci.*, doi: 10.1007/s10509-012-1227-y.arXiv: 1208.5035.

Wickramasinghe, N.C., Hoyle, F. and Lloyd, D., 1996. *Astrophys. Sp. Sci.*, 240, 161.

Wickramasinghe, N.C., Lloyd, D. and Wickramasinghe, J.T., 2002. *Proc. SPIE*, 4495, 255.

Wickramasinghe, N.C., Samaranayake, A., Wickramarathne, K., Wallis, D.H., Wallis, M.K., Miyake, N., Coulson, S.J., Hoover, R., Gibson, C.H. and Wallis, J.H., 2013d, Living diatoms in the Polonnaruwa meteorite - Possible link to red and yellow rain, *Journal of Cosmology*, 21, 40.

Wickramasinghe, N.C., Wallis, J., Miyake, N., Wallis, D.H., Samaranayake, A., Wickramarathne, K., Hoover, R. and Wallis, M.K., 2013c. Authenticity of the life-bearing Polonnaruwa meteorite, *Journal of Cosmology*, 21, 39.

Wickramasinghe, N.C., Wallis, J., Wallis, D.H., Samaranayake, A., 2013a. Fossil diatoms in a new carbonaceous meteorite, *Journal of Cosmology*, 21, 37.

Wickramasinghe, N.C., Wallis, J., Wallis, D.H., Schild, R.E., Gibson, C.H., 2012. Life-bearing primordial planets in the solar vicinity, *Astrophys. Sp. Sci.*, doi: 10.1007/s10509-012-1092-8.

Wickramasinghe, N.C., Wallis, J., Wallis, D.H., Wallis, M.K., Al-Mufti, S., Wickramasinghe, J.T., Samaranayake, A. and Wickramarathne, K., 2013b. On the cometary origin of the Polonnaruwa meteorite, *Journal of Cosmology*, 21, 38.

Willner, S.P., Russell, R.W., Pietter, R.C. *et al.*, 1979. *Astrophys. J.* 229, L65.

Willner, S.P., Soifer, B.T., Russell, R.W. *et al.*, 1977. *Astrophys. J.*, 217, L121.

Witt, A.N. and Schild, R.E., 1988. *Astrophys. J.*, 325, 837.

Woese, C. and Fox, G., 1977. *Proc. Notl. Acad. Sci. USA*, 74(11), 5088.

Woese, C., 1967. *The Genetic Code*, Harper and Row, New York.

Wu, M. *et al.*, 2005. *PLoS Genet.* 1(5), e65.

監修者あとがき

1974年，ブランドン・カーターによって，「この宇宙はなぜこのような宇宙なのか」について衝撃的な論文が発表された．この宇宙は，生命を生み知的生命体を育むように，物理定数がセットされた宇宙ではないかというのである．人間原理という．

このことは，宇宙が一つしか存在しないなら，たまたまそうであるとしか答えようがなく，物理的には意味のない問いである．しかし20世紀末になって，この問いは物理学的に意味のある問いとなった．超弦理論の予想として，宇宙は10^{500}もあるということが明らかになったからだ．それぞれの宇宙の物理定数は，コンパクト化されたミクロな空間のもつ特性として説明される．

スティーブン・ワインバーグは1980年代，アインシュタインが導入した重力方程式のなかに含まれる宇宙項について，この宇宙がこのような宇宙になるためにはどのような値であるべきかを計算した．その値はプランクの質量を単位とすると，10^{-120}に限りなく近い．宇宙項は本来観測から求められるべきものだから，この時点ではそんなものかという話である．

事態が急展開したのは1998年のことだ．タイプ1と呼ばれる超新星の観測をしていたグループが，70億年くらい前に，宇宙の膨張が加速されているという事実を発見したのである．その観測値から宇宙項の値を求めると，なんとその数値が上の計算値と限りなく近かったのだ．この時点で人間原理は，物理的に無視できない問いとなった．

この宇宙は生命を生む宇宙であることが宇宙論からは強く示唆される．であるにも関わらず，これまでのところ，地球以外で生命が発見されたという報告はない．また宇宙から，他の知的生命体が発したと思われる信号が傍受されたという報告もない．エンリコ・フェルミはこの事実に対し，それでは宇宙人はどこにいるのかという問いを発した．彼の指摘した矛盾のことをフェルミのパラドックスという．

このパラドックスの一つの答えは，もうすでに宇宙から生命は何度も飛来しているが，地球生命とその区別ができないというもの，そして文明の寿命は短いということだ．文明の未来が短いとしたら，その滅ぶべき未来を知った文明は何を考えるだろうか？　生命という，その材料物質の生成の確率を計算してみれば，限りなく0に近い．その奇跡的存在を，何とかこの宇宙に残したいと考えても不思議はない．1974年，クリックとオーゲルはそのように発想し，宇宙にばらまかれた生命が飛来し地球生命のもとになったのではないかと考えた．

パスツールが，生命は生命からしか生まれないという実験をしたのは18世紀だ．以来生命の起源は，人類にとって最も興味をそそられる学問的課題となった．19世紀の智の巨人たちは，それぞれの分野に立脚して，それぞれの考えを述べている．チャールズ・ダーウィンは，原始地球の温かい池の中で生命の材料物質が作られたと考えた．熱力学の創始者であるケルヴィン卿やヘルムホルツは，隕石により生命が運ばれてくると主張した．宇宙から生命が運ばれてくるという考えのことを「パンスペルミア」という．

20世紀になってオパーリンやホールデンは，ダーウィンの考えに沿って，地球上での化学進化というアイデアを提出した．その考えに基づいてミラーとユーリーが，原始地球を模した室内実験で，いくつかのアミノ酸を合成した．この結果を受けて科学界はにわかに活気づいた．以来この種の実験が，生命の起源研究の本流とみなされている．しかし60年たった今も，画期的といわれるような成果は出ていない．

一方でパンスペルミア論は，20世紀初頭，スヴァンテ・アーレニウスが，胞子が光の放射圧をうけて旅するアイデアを提出したが，それを発展させる科学者はしばらく現れなかった．20世紀後半になって登場したのが，本書の著者チャンドラ・ウィックラマシンゲとフレッド・ホイルである．彼らは1970年代から，さまざまなパンスペルミアのアイデアを提案し，現在に至っている．本書は，著者らがこれまで展開してきたパンスペルミア論を，まとめたものである．

監修者としては，ウイルス飛来仮説や彗星パンスペルミア論は，魅力的なアイデアだと思っている．パンスペルミア説は現代の科学で，その是非が検証できるテーマであり，監修者のグループでも，気球を成層圏にあげて微生物を回収する実験を行うほか，赤い雨細胞についても研究を進めている．赤い雨細胞の正体は地球産のシアノバクテリアの新種であるらしいことまでは解明したが，なぜ赤くなるのか，それについては現在実験中である．いずれにしても，パンスペルミアの研究を本格的に進める必要がある．そこで監修者は訳者や著者とともにISPAという研究所を開設した.

著者のチャンドラは監修者の親しい友人であるが，科学的見解について共有しているわけではない．特に第12章の最後に展開される隕石に関わる話は，同意しかねる部分があり，その点については注釈を入れた．隕石学者の大部分も同意しないだろう．なお，著者の，主流の科学者の態度を批判する主張についても，監修者は意見を共有するものではない．監修者としては，読者がどう判断するかを待ちたい.

2017年4月

松井孝典

事項索引

［タ行］

［ナ行］

［ハ行］

［マ行］

［ヤ行］

人名索引

［ア行］
アサロ，F. (Asaro, F.)　177
アッシャー，D. J. (Ascher, D. J.)　159
アナクシメネス（Anaximenes of Miletus）　7
アナクシマンドロス（Anaximander）　6, 7
アハーン，M. F.（A'Hearn, M. F.）　66
アベル，D. L.（Abel, D. L.）　22
アリスタルコス（Aristarchus of Samos）　8
アリストテレス（Aristotle）　7, 8, 55
アルバレス，L. W.（Alvarez, L. W.）　177
アルマフティ，S.（Al-Mufti, S.）　104
アレニウス，S.（Arrhenius, S.）　13
アレン，D. A.（Allen, D. A.）43
アンドルーズ，C.（Andrewes, C.）　85
ヴァニセク，V.（Vanysek, V.）　60
ウィックラマシンゲ，D. T.（Wickramasinghe, D. T.）　43, 63
ウィックラマシンゲ，N. C.（Wickramasinghe, N. C.）　17, 22, 23, 31-33, 41-43, 49, 50, 60, 62, 69, 79, 120
ウィット，A. N.（Witt, A. N.）　47
ウー，M.（Wu, M.）　120
ウーズ，C.（Woese, C.）　26, 82
ウェインライト，M.（Wainwright, M.）　110, 112-115, 167
ヴェーラー，F.（Wohler, F.）　9
ウェッソン，P.（Wesson, P.）　33, 204
ヴェヒタースホイザー，G（Wachtershauser, G.）　18
ヴェンター，J. C. J.（Venter, J. C. J.）　81
ウォリス，J.（Wallis, J.）　127, 171, 173
ウォレス，A. R.（Wallace, A. R.）　23
ヴリーランド，R. H.（Vreeland, R. H.）　27, 103
エーマン，J.（Ehman, J.）　145
エーレンベルク，C. G.（Ehrenberg, C. G.）　193
エジソン，T.（Edison, T.）　144
エラスドッティル，A.（Ellasdottir, A.）　49
エルドリッジ，N.（Eldridge, N.）　24
オーゲル，L. E.（Orgel, L. E.）　18, 20, 149
大野 乾　79
オパーリン，A. I.（Oparin, A. I.）　15-17, 207

［カ行］
カステン，F.（Kasten, F.）　114
カッサン，A.（Cassan, A.）　140
カノ，R. J.（Cano, R. J.）　27, 103
カヤンデル，E.（Kajander, E.）　126
ガレノス（Galen of Pergamon）　9
ガンガッパ，R.（Gangappa, R.）　195
ギブソン，C. H.（Gibson, C. H.）　36, 80, 205
ギブソン，D. G.（Gibson, D. G.）　163
ギボン，E.（Gibbon, E.）　188
グールド，S. J.（Gould, S. J.）　24
クオック，S.（Kwok, S.）　207
クマール，A. S.（Kumar, A. S.）　195
クラーク，A. C.（Clarke, A. C.）　101
クラウス，G.（Claus, G.）　164, 166
クリック，F. H. C.（Crick, F. H. C.）　18, 20, 149
クリューブ，S. V. M.（Clube, S. V. M.）　159, 175, 177, 178
クリントン，W. J.（Clinton, W. J.）　126
クレイトン，C.（Creighton, C.）　92
グレゴリー，R. H.（Gregory, R. H.）　106
クレメット，S. J.（Clemett, S. J.）　167
クレロー，A. C.（Clairaunt, A. C.）　56
クロヴィジエ，J.（Crovisier, J.）　64
ケアンズ＝スミス，A. G.（Cairns-Smith, A. G.）　18
ケネット，J.（Kennett, J.）　180
ケルヴィン卿　→トムソン，W.
ケロス，D.（Queloz, D.）　134
コール，A. E.（Cole, A. E.）　114
ゴールド，T.（Gold, T.）　203
コッケル，C. S.（Cockell, C. S.）　120
コッコーニ，G.（Cocconi, G.）　145
コッパラプ，R.（Kopparapu, R.）　137, 150

［サ行］
サットラー，B.（Sattler, B.）　121

［タ行］

［ナ行］

［ハ行］

[マ行]

[ヤ行]

[ラ行]

[ワ行]

監修者・訳者紹介

松井孝典（まつい　たかふみ）

1946年生まれ．1970年，東京大学理学部卒業，1976年，理学博士（東京大学大学院理学系研究科）．現在，東京大学名誉教授，千葉工業大学惑星探査研究センター所長．一般社団法人ISPA理事長．政府の宇宙政策委員会の委員長代理．専門は，アストロバイオロジー，地球惑星物理学，文明論．著書に，『文明は〈見えない世界〉がつくる』（岩波新書，2017年），『宇宙誌』（講談社学術文庫，2015年），『銀河系惑星学の挑戦』（NHK出版新書，2015年），『天体衝突』（講談社ブルーバックス，2014年），『スリランカの赤い雨』（角川学芸出版，2013年）他多数．

所　源亮（ところ　げんすけ）

1949年生まれ．1972年，一橋大学経済学部卒業．世界最大の種子会社パイオニア・ハイブレッド・インターナショナル社（米国）を経て，1986年，ゲン・コーポレーションを設立．1994年，旭化成と動物用ワクチンの開発企業の日本バイオロジカルズ社を設立，2009年に売却．2009年～2015年，一橋大学イノベーション研究センター特任教授．2014年，一般社団法人ISPA（宇宙生命・宇宙経済研究所）を松井孝典博士，チャンドラ・ウィックラマシンゲ博士とともに設立．医療・薬業如水会名誉会長，京都バイオファーマ製薬株式会社代表取締役社長．

彗星（すいせい）パンスペルミア
—生命の源を宇宙に探す

2017年5月1日　初版1刷発行
2017年6月1日　　　2刷発行

（定価はカバーに表示）

チャンドラ・ウィックラマシンゲ 著
松井孝典（まついたかふみ） 監修　所　源亮（ところげんすけ） 訳

発行者　片岡　一成
印刷・製本　株式会社シナノ

発行所　株式会社恒星社厚生閣
〒160-0008　東京都新宿区三栄町8
TEL: 03(3359)7371／FAX: 03(3359)7375
http://www.kouseisha.com/

ISBN978-4-7699-1600-0 C0044